前　言

地质学科是一门实践性很强的学科，野外地质教学是地质教学中不可缺少的环节。为了取得良好的教学效果，一方面需要依靠教师的讲解和诱导，另一方面更需要学生的刻苦学习，严格要求自己。

地质认识实习就是引导一年前对地质学还一无所知的学生运用在课堂上和实验室里了解到的地质学理论和方法去认识地球，即从地质学的角度认识他们过去熟悉的山、水、土、石，从而了解地质历史时期的地质作用及其产物。同时该书引导学生学习野外的基本工作方法，初步建立地球科学的思维方式，为后续的学习及将来进行地质工作打下坚实的基础。

野外地质认识实习是在完成"普通地质学"课程的学习之后进行的。实习的任务是使学生获得基本地质现象的感性认识，包含对三大岩类和地层剖面的认识，主要化石的识别，地质构造的判识，部分矿床的特征及其形成条件的了解以及内、外动力地质作用现象的认识，使已学的理论知识更好地与实践相结合。此外，还要使学生在判读地质图，使用地质罗盘，记录地质现象和绘制地质素描图及编写地质报告等方面的基本地质工作方法和技能受到初步训练。

实践是地质学的重要特点。通过实习使学生们认识到实践对地质科学的重要性，从而使他们树立起艰苦奋斗和开拓创新的科学求实精神。培养学生热爱地质事业，勇于探索地球奥秘的兴趣。使他们了解和逐步掌握"将今论古""看到一片树叶，想起一个森林""大处着手、小处着眼""认识—实践—再认识—再实践""由点到面，点面结合""由表及里，由浅入深"等地质思维方法。

通过实习使学生对地质工作的性质和内容有所了解，开阔视野，培养地质科学的兴趣和爱好，巩固专业思想。在条件允许的情况下，积极组织学生参观当地的矿山和名胜古迹，使他们亲身体会地质科学在国民经济建设中的战略地位；不断提高学生的地质科学和人文科学素养，把他们培养成为具有“为人民服务的无私奉献精神”和“团队合作精神”的新型地质工作者。

为确保野外实习任务的顺利完成，必须强化安全意识，严明实习纪律。

(1) 召开实习动员大会。明确实习的目的、任务和要求；宣布实习纪律及注意事项；介绍实习工作计划；借用野外装备，准备实习用品。

(2) 各班级分编实习小组，每小组 5～6 人为宜。组长负责小组工作，协调好与班长和指导老师之间的工作关系。

(3) 以班级为单位，由指导教师介绍实习区的地质概况、野外地质工作的基本技能和工作方法、实习成绩的评定原则和实习报告的编写要求。

(4) 认真阅读《淮南地区地质认识实习指南》，并尽可能收集前人的研究成果，以便熟悉和掌握实习区的基本地质特征和地质研究状况。

(5) 以提高学生分析问题和解决问题的能力为宗旨，在提高学生识别地质现象和实际动手能力方面下功夫，如矿物岩石的认知、地层古生物的观察、地质构造的判识、矿产的形成过程和地质作用的综合分析等；使学生掌握野外记录的方法、地形图的应用、地质素描图的绘制和 GPS、地质罗盘的使用等基本技能。

(6) 统一野外地质认识，提高实习教学质量。考虑到实习队组队教师的变化和实习区地质认识的更新，要求实习带队教师提前进行野外集体备课，做好教学准备。要求独立带班(组)的各位老师要了解区域地质概况，对实习区的地层层序和时代组成、矿物岩石特征、常见生物化石、地层沉积环境和地质构造等熟练掌握。

(7) 强化安全意识，严明实习纪律。实习阶段无故缺勤、打架斗殴、不服从指导教师管理者，由实习队给予纪律处分，实习成绩按零分处理。

(8) 认真做好实习总结。实习结束后，实习队各班(组)要进行认真讨论，指导教师做总结。内容包括：实习计划的完成情况(是否达到了教学要求)、取得的收获和存在的问题、提高和改进教学的建议等。

淮南地区处于我国南北自然地理和华南、华北两大陆块的地质分界区域，历史悠久，人才辈出。淮河自西向东流经市区。淮河以南环绕市区的八公山、舜耕山和上窑山，出露有古老的太古代基底岩石和新元古代、古生代沉积地层。新生界地层之下蕴藏有极其丰富的优质煤炭资源。众多地质遗迹形成的时间跨度大(27 亿年前至今)，由于不同地质时期各种地质作用现象典型，更由于八公山国家地质公园的建立和“淮南生物群”的发现而蜚声海内外。淮南地区地质研究程度较高，已成为国内外前寒武纪地质学研究的热点地区，是进行野外地质教学难得的场所。

安徽理工大学地球与环境学院自20世纪80年代末期就已开始在淮南及其周边地区进行地质专业的认识实习，积累了丰富的教学资料。涉及淮南地区众多高水平的地质学研究，如新元古代淮南虫、叠层石及岩石地球化学特征研究，淮南生物群形成时代的探讨，寒武系地层古生物、遗迹化石和沉积环境的辨析等研究成果，为淮南地区开展优质的野外地质教学提供了重要资源。教学理念的转变、教学手段的更新、教学内涵的充实，是提高野外地质教学质量的迫切需要。

如何使学生成为实习的主动参与者而不是被动的旁观者，并取得良好的实习效果，实习指南起着至关重要的作用。因此，笔者在本书的编写过程中注重将淮南地区区域地质特征与《普通地质学》教材内容紧密结合起来。参加实习的学生仅有一年《普通地质学》的学习经历，又是第一次野外实习，对一切都很陌生。如果以区域地质资料为主进行编写，与课堂教学内容脱节，再让学生在短暂的实习时间里去消化那些专业化程度很高的地质资料，实在是勉为其难，也难以取得好的效果。因此本书的内容尽量与课堂教学内容保持一致，便于学生阅读，有助于发挥他们在实习中的主观能动性。

对野外地质现象不仅仅局限于枯燥的形态观察和描述，更重要的是要和它们的成因、发展和变化密切联系起来，给学生留下充分的思维和想象空间。因而教学中应积极采用启发式、讨论式的方法，避免单方面的灌输和注入。在生动、活泼的氛围中，培养学生的观察、思考和分析问题的能力及野外工作技能，让学生保持新鲜感和成就感，激发学生的求知欲，培养学生对地质科学的兴趣。

本书是根据“普通地质学”课程的教学大纲要求，结合淮南地区的地质实地资料，在钱守荣老师主编的《淮南地区地质认识实习指导书》的基础上重新组织编写而成的。本校地质资源与工程系李宗海、郑建斌、吴诗勇和王兴阵等老师和笔者多次赴野外，对实习路线、实习内容进行了深入调查和研究，归纳了地质点的教学内容，梳理了野外教学的地质路线。因此，本书是地质资源与工程系教师共同劳动和集体智慧的成果。

书中照片除已署名或注明出处的外，均由作者摄制。上窑山、舜耕山和八公山地区地形地质图由李宗海老师制作；陈萍、赵志根及熊晓英教授对本书的初稿提出了宝贵的修改意见；2011 级硕士研究生刘胜军绘制了部分图件；本书的出版得到了安徽理工大学“地质工程优秀教学团队”建设项目的资助。在此一并致谢。

刘文中

2013 年 3 月

目　　录

前言 …………………………………………………………………………（ⅰ）

第1章　资源与环境地质 ……………………………………………………（1）

1.1　概况 …………………………………………………………………（1）

1.2　矿产资源 ……………………………………………………………（2）

1.3　水资源 ………………………………………………………………（3）

1.4　土地资源 ……………………………………………………………（4）

1.5　地质旅游资源 ………………………………………………………（5）

1.6　环境地质 ……………………………………………………………（10）

1.7　安徽省地质博物馆简介 ……………………………………………（13）

第2章　区域地质概况 ………………………………………………………（14）

2.1　地层 …………………………………………………………………（14）

2.2　古生物 ………………………………………………………………（29）

2.3　地质构造 ……………………………………………………………（43）

2.4　区域地质演化史 ……………………………………………………（48）

第3章　地质作用 ……………………………………………………………（51）

3.1　地壳运动及其产物 …………………………………………………（52）

3.2　岩石的形成 …………………………………………………………（57）

3.3　风化作用 ……………………………………………………………（61）

3.4　河流地质作用 ………………………………………………………（64）

3.5　地下水地质作用 ……………………………………………………（67）

3.6　煤的形成 ……………………………………………………………（72）

第4章　地质工作的基本技能和方法 ………………………………………（76）

4.1　实习准备 ……………………………………………………………（76）

4.2　地质罗盘的使用 …………………………………………………… (77)
4.3　岩石的野外观察 …………………………………………………… (81)
4.4　地层的野外观察 …………………………………………………… (89)
4.5　地形图的使用 ……………………………………………………… (93)
4.6　野外地质素描图的绘制 …………………………………………… (95)
4.7　实习报告的编写 …………………………………………………… (97)
第 5 章　路线地质教学的内容和要求 ……………………………………… (99)
5.1　路线 1(洞山) ……………………………………………………… (99)
5.2　路线 2(罗山) ……………………………………………………… (100)
5.3　路线 3(八公山—李郢孜) ………………………………………… (102)
5.4　路线 4(凤阳韭山洞—上窑) ……………………………………… (103)
5.5　路线 5(安徽省地质博物馆) ……………………………………… (104)
参考文献 …………………………………………………………………… (105)
附图及附表 ………………………………………………………………… (*1*)

第1章　资源与环境地质

人类未来的发展，将遇到人口、资源和环境的严重挑战。长期以来对地球的过度开发和索取，造成了今天的资源短缺、环境恶化。地质工作者的任务，已不仅仅是努力寻找新的资源，还要研究如何合理开发和利用资源，保护环境及防治地质灾害，保证社会的可持续发展。建立资源与环境的忧患意识，这也是新世纪地质工作者应具备的基本素质。

1.1　概　　况

淮南市位于淮河中游，安徽省中部偏北，东与滁州市凤阳、定远县毗邻，南与合肥市长丰县接壤，西南与六安市寿县、霍邱县相连，西及西北与阜阳市颍上县及亳州市的利辛、蒙城县交界，东北与蚌埠市的怀远县相交(附图1)。区内淮南铁路横贯市内，东接津浦，西连京广，北上京九，南下皖赣。水路、公路交通也很便利。全市总面积2 595 km^2，人口241万。

实习区地处北纬32°40′，四季分明，年平均气温16 ℃，年平均降雨量969 mm，属大陆温带半湿润季风气候区。淮南是闻名中外的能源城市，以煤炭、电力、化工为支柱，拥有工业产品万余种。农业南北特色兼有：盛产水稻、小麦、油菜，黄牛、奶牛、山羊及淡水养殖也具有一定规模，更有“八公山豆腐”为其一绝，人称“走千走万，不如淮河两岸”。

淮河自西向东横贯市内。淮河以南为丘陵山区，八公山、舜耕山、上窑山“三山鼎立”(附图2)，海拔多在200 m以下，最高峰为八公山区的白鹗山，海拔242 m。淮河以北为黄淮海冲积平原，地势平坦，海拔20～40 m。实习区主要位于淮南市境内，恰好在我国南北地理、地质分界线附近。其地质特征虽属华北类型，但又有其特殊性。因煤炭资源丰富，更由于早期三胚层动物化石——“淮南虫”的发现而蜚声海内外，引起了国内外地质界的重视。实习区地质研究程度较高，资料丰富，为地质认识实习提供了良好的条件。

淮南自古就是兵家必争之地。公元383年，在淮南八公山麓，淝水之滨，前秦与东晋之间发生了一场大战，即著名的“以少胜多、以弱胜强”的淝水之战。这里，文化积淀厚重，2 100多年前，西汉时淮南王刘安在这里招贤纳士，编著了“天下奇书”《淮南子》，第一次完整地确立了二十四节气，发明了千古美食——豆腐。这里，人文景观独具魅力：八公山下“风声鹤唳，草木皆兵”“一人得道，鸡犬升天”“嫦娥奔月”“女娲补天”“后羿射日”“伯乐相马”等成语典故和神话故事均从此诞生。这里，山川秀美，人杰地灵，英才辈出：春申君黄歇，战国名将廉颇，楚国名相孙叔敖，宋太祖赵匡胤，大诗人李白、苏东坡，清朝“两代帝师”孙蟠、孙家鼐等均在此留下足迹。

1.2　矿产资源

淮南地区的矿产受地层和构造控制，从地质历史的宏观角度看，本区非金属矿产和煤的形成，既具明显的时代专属性，同时也受古地理和沉积环境的制约。

太古代形成的矿种主要为混合岩化地层中的磁铁矿和含钾（钾长石）岩石；新元古界震旦系淮南群形成于富镁碳酸盐海水咸化环境，沉积了顶部四顶山组等多层白云岩矿层。

古生界下部寒武系下统猴家山组古地理环境的介质为富含磷质的海水，在凤台附近沉积了含胶磷矿的沉积型磷矿层。随气候变得干燥，出现了含盐蒸发台地相环境，沉积了含铁质、泥砂质的紫砂矿层；自早寒武世晚期至中寒武世，海水继续加深，研究区沉积了泥晶结构、亮晶结构、碎屑结构、鲕状结构为主的优质石灰岩，为水泥和化工行业的优质原料。

晚古生代石炭纪晚期—二叠纪，淮南地区地壳活动比较活跃，海陆变迁和海水进退频繁，同时气候温暖湿润，生物繁盛，在泥炭沼泽环境中沉积了山西组、下石盒子组、上石盒子组的煤层及下石盒子组底部的硬质高岭岩矿床。

淮南煤田跨淮河两岸，南岸分布于九龙岗、大通、蔡家岗、谢家集、李嘴孜、孔集一带，北岸自东而西展布于潘集、顾桥、新集、张集、刘庄、谢桥一带直抵阜阳市东侧，煤田东西长约200 km，总面积达3 600 km^2。

淮南煤炭开采最早始于明代。1937年，淮南产煤已突破1×10^5 t/a。1927～1937年，地学前辈刘季辰、赵汝钧、王竹泉、叶良辅、喻德渊等曾先后到淮南开展过地质工作，后因日寇侵华而中断8年之久。1946年6月，时任国民政府资源委员会矿产测勘处处长的谢家荣先生自沪赴淮研究地质问题。谢家荣仔细研究了淮南的地质资料，特别注意到沿八公山东北坡均为寒武系及奥陶系石灰岩为主的地层露头。他以地质行家的敏锐眼光和科学的地质思维进行推断：在八公山东北侧的山麓附近，很可能是煤系赋存之处。1946年6月，时任淮南煤矿局地质工程师的柴登榜先生陪同谢家荣等人自东向西沿山之北麓以追索法与穿越法相结合的方式进行踏勘。9月30日，在朱家大洼(现今新庄孜矿)附近圈定了首个钻孔位置。开钻不到一周，在穿过数十米厚的表土层进入基岩后，就打到一层厚3.6 m的煤层。该钻孔共见煤25层，最厚者厚达7 m，煤层总厚39 m。翌年(1947年)谢家荣及时发表了《淮南新煤田及大淮南盆地地质矿产》一文。1946～1949年的连续勘探，逐步揭开了蒙遮乌金宝藏的神秘面纱，证实了谢家荣先生思路的正确性、推断的科学性。淮南煤田的发现在中国煤田地质学史上具划时代的意义。

淮南煤田储量丰富，按现有的开采速度，尚可开采几百年。煤质优良，具有低硫、低磷、高发热量、高灰熔点、富油等优点；煤种齐全，属于以气煤为主的多品种优质炼焦及动力用煤，并具有肥煤、焦煤和瘦煤等稀缺煤种。

此外，煤层中还蕴藏着丰富的煤层气，即常引发煤矿灾难的“瓦斯”，其主要成分为CH_4。据测算，淮南地区2 000 m深度以内的煤层气储量约为4×10^{11} m^3。煤层气是一种清洁能源，合理开发利用既有利于保护环境，又可充分利用有限的地下资源，减少煤矿开采过程中因瓦斯爆炸造成的人员和经济损失。

淮南地区的矿产都是沉积成因的，它们都是不可再生的宝贵的地质遗产。

1.3 水 资 源

我国是一个淡水资源贫乏的国家，人均淡水资源量仅是世界人均水平的1/4，特别是首都北京，人均淡水资源量仅为世界水平的1/32。我国每年因缺水造成的经济损失高达2 300亿元。淮南地区由于其特殊的地理环境，水资源目前尚不缺乏，但前景并不乐观。

淮南市位于淮河流域，最大的地表水系为淮河。淮河由陆家沟口入市境凤台县，流至永幸河闸口分流为二，北道北上转东环九里湾进入市境潘集区，南道东流至皮家路入市境八公山区，南北河道至邓家岗汇流，由大通区洛河湾横坝孜出境，境内流长 87 km。市境支流有东淝河、窑河、泥黑河、架河、西淝河。湖泊有高塘湖、胡大涧、石涧湖、瓦埠湖、城北湖、花家湖、焦岗湖，还有采煤塌陷区积水而成的湖泊，如谢二矿塌陷区（樱桃园）、谢桥矿塌陷区。此外，还有泉山、老龙眼、乳山、丁山等小型水库。全市水域面积 375 km^2，占总面积的 17.65%；淡水总资源量 5.5×10^8 m^3，是工业和生活用水的主要来源。

高塘湖位于淮河右岸，跨淮南市、凤阳、长丰、定远，湖面主要属淮南。由于窑河在上窑附近受地形限制以及河口段受黄泛浸入淤高，低洼河段扩展成湖，河湖一体。北流经上窑闸至怀远新城口注入淮河。总来水面积 1 490 km^2；瓦埠湖面积 160 km^2，从白洋淀至钱家滩，南北长 52 km，平均宽仅 5 km，湖底高程 15.8 m，出水流入淮河；焦岗湖东接八公山，南临淮河。由来自颍上、六安等地的 18 条河流汇集而成，宛如碧玉，镶嵌在皖北平原。湿地植物丰茂，万亩芦苇荡、千亩荷花淀和湿地植被及众多的飞禽、鱼类是主要物种。焦岗湖有可养水面 60 000 多亩，湖内水质优良，与森林和野生动植物共同构成了和谐美好的陆地生态系统。

淮南地区的地下水大致分为三种类型：一是淮河以北平原新生界松散层内的地下水，分储于 3 个含水层（组）中，水源充足、水质好，易于开采，宜作生产或生活用水，在远离地表水体的地方为重要水源，储量约3.7×10^9 m^3；二是矿井内排出的石灰岩内、砂岩裂隙中的地下水，它们因水质差不能利用；三是山区岩石中的地下水，受断层控制，常形成泉。人们修堤筑堰，兴建水库以拦蓄利用，在农业生产中发挥重要作用。

淮河及其他地表水体是淮南市的主要水源，地下水利用不到 1%。随着淮河流域人口逐年增加，经济发展，用水量剧增，加上干旱，淮南段淮河水流量逐年减少，甚至有时出现断流。淮河又是我国污染最严重的河流之一，虽经治理，形势依然不容乐观。水的供需矛盾日益突出。如不认真对待，淮南这样淡水资源相对丰富的地方出现水荒也可能近在眼前。

1.4　土地资源

淮南煤矿开采历史悠久，因采煤形成的塌陷地总面积约 133 km^2，采空区面积约 69 km^2；形成了 34 座矸石山，堆体占地面积约 1.6 km^2。塌陷水域面积不断扩大，煤矸石长期大量堆放占用土地、污染水和大气，已成为制约淮南矿区社会经济发展的重要因素。

淮南市是一个典型的矿区城市。丘陵山地 300 km^2，耕地 150 万亩。20 世纪 70 年代以来，随着新矿区的拓展，城区面积的扩大，耕地面积不断减少，还因采矿引起的地面塌陷、煤矸石压占及各种经济用地，已损失耕地 20 余万亩。人均耕地由原来的 1.5 亩减至今天的 0.8 亩。

土地是不可再生的资源，耕地更是人类赖以生存的基础。保护耕地，合理开发利用土地，是维护人类生存基本条件的迫切任务。

1.5 地质旅游资源

1.5.1 舜耕山

舜耕山又名虞耕山，在淮南市田家庵区境内，海拔高度 216 m，绵延 20 km。据史料记载：舜是我国原始社会末期的部落联盟首领。《孟子·离娄》曰："舜生诸冯（山东诸城），受封于虞（河南虞城），国号虞"，所以舜也叫虞舜。《怀远县志》载："舜耕山，自陈家岗南（现田家庵区舜耕镇）入境为洞山，山上有寺、有洞，明有避兵于洞之深处，遗骨尚存，山僧以石封之，今呼为仙人洞。"

舜耕山谷之中布满怪石嶙峋，清泉潺潺而流，水秀山青，鸟语花香。山中人工湖（老龙眼），水深 10 m，湖水清冽，水源主要来自一眼古泉，终年不涸。洞山上有亭，可拾级而上。南坡寒武系馒头组地层紫红色页岩中赋存有丰富的三叶虫化石，俯拾即是。

黄歇墓在谢家集区李郢孜镇隗店村。黄歇，即春申君，楚人，游学博闻，能言善策，为楚相期间施仁政，重农商，强兵革，功绩卓著，与齐孟尝君、赵平原君、魏信陵君并称"战国四君子"。黄歇精于治水，在吴淞治吴松江、太湖，开挖连接与太湖的运河，大举疏凿河渠，筑坝屯田，兴利除害，对江南的开发、发展作出了重大贡献。为纪念他的功绩，将上海简称为申，吴松江改称黄浦江。公元前 238 年，楚考烈王去世，黄歇被李园谋害。

1.5.2　八公山

八公山，古称淝陵、北山、紫金山。它犹如一颗璀璨的明珠，耸峙在淮南、凤台和寿县之间，方圆 200 km^2，大小山峰 40 余座。淮河流经群山之北，曲折环绕而东下。淝河也飘然而来，傍依南麓注入淮河。八公山重峦叠嶂，形势险峻，山中有峡谷盆地可据，又有湖泊溪涧进退，龙藏虎卧，草萋鹤鸣。

“八公山”的得名与西汉淮南王刘安有关。刘安是汉高祖刘邦之孙，淮南厉王刘长之子，汉武帝的皇叔。据《史记》载，刘安敏而好学，不喜犬马，擅琴棋书画，集数千门客于八公山。刘安同门客所著《淮南子》一书，今存 21 卷，是以道家思想为主的杂家名著。内容包罗万象，是西汉年间哲学、艺术、军事、科技的全面总结，全书 30 余万字，对后世的影响颇大，被誉为新道家学说。在刘安的门客中，有八个是最有学问的，他们是左吴、李尚、苏非、田由、毛被、雷被、晋昌、伍被，刘安封他们为“八公”。《淮南子》和刘安的其他著作都是在“八公”的协助下完成的，八公山缘“八公”得名。

八公山是历代兵家争雄的古战场。著名的“淝水之战”，东晋谢安以 8 万雄兵同前秦苻坚的 90 万大军在此决战，秦军败，见八公山草木皆似人形，“风声鹤唳，草木皆兵”，由此成为战争史上的奇谈。宋太祖赵匡胤“黄袍加身”前，率后周大军在此勇击南唐精锐，南唐兵卒在八公山下弃尸 50 余里，为后来宋朝的建立和统一奠定了基石。这些战争雄伟壮烈，为八公山留下了惊心动魄的传说，增添了它的光彩。

八公山旅游景区 2001 年被批准为“国家地质公园”。园区主要为低山丘陵区，山脉南北走向延伸。淮河在园区西北部环山迂回而流，在区内构成了水绕山转、山水相依的独特地貌景观。白鹗山为本区主峰，其他山峰海拔在 100～200 m 之间。由于特殊的地质地理条件，区内石林等岩溶地貌、奇峰异石遍布全区。沿岸的河流侵蚀陡崖如立壁千仞，险峻清秀。区内寒武系剖面地层发育，生物化石丰富，露头良好，其蕴含的古地理、沉积环境、地球化学、古生物、古构造信息是揭示众多地质谜团的钥匙，也为研究华北大陆的地质演化，中国南、北寒武系地层对比提供了重要的地质依据。

八公山地质博物馆是八公山国家地质公园的重要组成部分，集地质文化和科普教育于一体，建筑面积近 2 000 m^2，收藏和陈列了众多的八公山地区的古生物及遗迹化石、矿物岩石、奇石及学术专著，极大地丰富了八公山国家地质公园的科学内涵。

石林是八公山风景区中的重要地质景观，出露面积约 3×10^5 m²，出露高度为 1.5～5 m。石林岩石由形成于距今约 7 亿年的碳酸盐岩构成，岩石类型单一，由灰白色厚层状白云质灰岩、白云质角砾岩组成。由于此区域受两组节理发育的影响，加之长时间受到风雨侵蚀的影响，形成了江北地区罕见的石林地貌，为研究古地质、古气候、古生物等地质科学提供了重要的线索和资料。

凤台砾岩的成因，多数专家认为是一种底砾岩性质，并提出是早寒武世初期海侵开始时的粗碎屑沉积。也有人认为是滨海悬崖崩积岩、山麓堆积岩、岩溶角砾岩，还有人认为是冰碛岩。凤台砾岩的成因研究具有重要意义，先后受到谢家荣、叶连俊、徐嘉炜、郑文武、朱兆玲、毕德昌等专家和学者的重视。

珍珠泉在寿县北门外凤凰山下，与涌泉山隔溪相望。清吴育《珍珠泉记》曰："泉在八公山之址，泉出其下若珠。故名。""造豆腐，其者资焉，色白而质良，风味尤胜。"明嘉靖《寿州志》记："每闻人声，则泉水涌，小叫小涌，若咄之，泉弥甚，因名咄泉。""其响之因，当求地质学原理，细观之，泉水出时含有气体，气随水泡上浮，一串串泛珠在水面破碎。如宁静听之，确可听到微妙的音响。"

古生物化石群爬迹，位于八公山山王镇境内，南塘湖景区。这里保留了 5.2 亿年前古生物活动所留下的爬行印迹以及反映远古时代海洋气候以及地质变化的波痕等层面构造，已成为古生物学和地质学研究和科普考察的胜地。

1.5.3 淮河

八公山的山水之美惠于淮河，由于淮河的穿山而过，才有了陡峭的硖石。由于有淠河、淝水注入淮河，才有了万顷丰饶的田畴和秀丽的山水风光。

淮河介于长江和黄河之间，流域面积 2.7×10^5 km²。全长约 1 000 km，总落差 200 m。流域西起伏牛山，东临黄海；南以大别山与长江分界，北与黄河流域相邻。淮河源出横亘在豫鄂边界的桐柏山北麓，横断安徽省北部大平原，一路挟石带溪，注入洪泽湖，经高邮由江都县入长江。淮河入海不顺，入江不畅，流域历史上洪、涝、旱灾害频繁。

淮河流域地处我国南北气候过渡带，是我国南北自然分界线，所以淮河的水文特征兼有南北河流的特点。淮北和淮南的支流有明显差别。淮北的支流较长，流量较小，流量的年变化大，夏季流量占全年的 70%～80%，冬季稍有结冰现象，具有北方河流的水文特征。而淮南的支流短小，流量年变化小，夏季流量仅占全年的 40%，冬季无结冰现象，具有南方河流的水文特征。从整个淮河水系的水文特征看(图 1.1)，更接近于南方河流的特点，如流量丰富，汛期较长，含沙量不大，气温正常年份冬季不结冰或不封冻。

流经八公山的这段淮河可以说是最险要的河道。在八公山上游的正阳关，一向有“七十二水归正阳”之说，大大小小的南北河流在此涌入淮河，然后奔腾而下，在硖山口又逢山门把关，更是怒涛陡起，迅不可挡。所以历年汛期，硖山口上下皆为淮河险要之地。

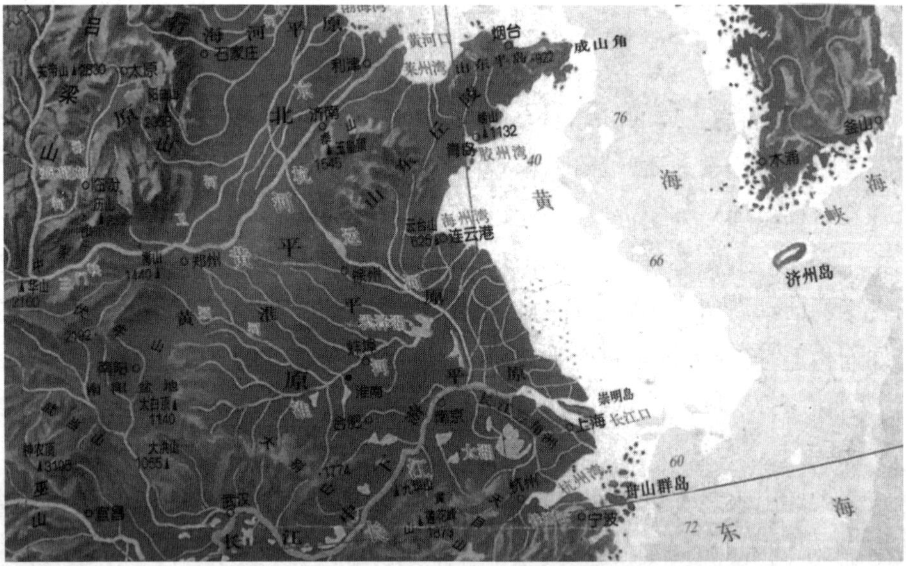

图 1.1　淮河流域枝状水系

(总参谋部测绘局，2002)

1.5.4　茅仙古洞

西汉成帝年间，茅氏三兄弟(茅盈、茅衷、茅固)曾在此出家修道。茅仙古洞位于凤台城南 3.5 km 的三峰山。高耸的三峰山突兀而起，近水的一边，陡壁数丈，几株老树从岸缝里挺出，弓身探向淮河水面上空，似在问候过往的船家。茅仙古洞背靠山峰，峭壁凌空，绿树红花，风景优美：临崖而建的道家三清观，近靠三峰山上的茅仙古洞（图 1.2）。茅仙古洞洞门高约 5 尺，深不可测。入洞 20 m 尚可进人，再往里去，黑暗潮湿，冷气袭人，愈加逼窄，难以深入。洞上筑有三仙阁，里面端坐茅氏三兄弟神像。进入山门，一条青石小径直通天井。天井院北是一悬崖。峭壁石缝里荆棘丛生，青苔覆翠。崖前有一参天古柏和一千年古梅，苍劲挺拔。登高远眺，向东可见八公山群峰叠翠，南望董峰湖千顷良田；俯瞰淮水三弯，宛若彩带，把茅仙古洞装点得神奇而妖娆。

茅仙古洞距今已有 2 000 多年的历史。据载："汉成帝年间，邻州人茅盈，云游朝山至三峰山，见形势险要，林深似海，兼有古洞，便在此隐身修道。""茅盈，年十八弃家人在恒山修道，后隐句容，人称茅君，盈仲弟固为执金吾，季弟衷为五官大夫，各弃官渡江，求兄于茅山，三君在此伐木辟路，筑草庵凉亭，修圣道。三君后迁句容山中，人们谓其修道成仙，随以'茅仙古洞'命名。"

淮河在此处环山迂回而流，构成了水围山转、山水相依的独特风景，塑造了侵蚀陡崖、边滩、心滩、硖山口等壮观的地质景观。

图 1.2　茅仙古洞及三清观

（徐宾粟摄）

1.5.5　韭山洞

位于安徽省凤阳县城南30 km处，因山暖多产野韭而得名，为喀斯特溶洞（附图3）。此洞早在1 500多年前《水经注》中已有记载。唐时就有人入洞探奇，并留下多处题刻。南宋时抗金英雄王惟忠率众九万据山抗金，在山上垒石为城，现存有石垒城、石鸡亭等古战场遗址，洞右侧有石阶可攀援而上。明初明太祖也曾据山屯兵，并收编当年华云龙等农民起义军南后下滁阳统一中国。韭山洞东西主洞长1 472 m，被誉为江北第一洞。其特点是深、大、险、奇、古。全洞分为“虎踞龙蟠”“摘星揽月”“峡谷幽深”“清流碧影”“玉溪泛舟”五大景区。洞内石幔、石笋、石钟乳各呈其形，千姿百态，惟妙惟肖。

韭山洞景区多年来不断加强环境整治，保护生态环境，为桃花水母的生存提供了最佳条件。2007年6月初，凤阳县韭山洞风景区首次惊现桃花水母，数量多且持续时间长，十分罕见。桃花水母又称桃花鱼，是地球上最原始、最低等的无脊椎腔肠动物，距今约6.5亿年，被称为生物进化的活化石。桃花水母生长于温带淡水中，因其形状如桃花，并多在桃花季节出现，故得其名。桃花水母对生存环境要求极高（pH值6.5左右，温度20～30 ℃），活体罕见，极难制成标本，号称“水中大熊猫”，属于世界保护级别最高的“极危生物”。

1.6　环 境 地 质

淮南市是一个以煤炭、电力、化工为主的工业城市。在创造了经济效益的同时，也带来了自然景观遭到破坏、环境受到污染、地质灾害频繁发生的负面效应，造成了巨大的经济损失，制约了经济的发展和人们生活水平的提高，使人类付出了沉重的代价。矿区主要环境地质问题有地面塌陷、岩溶塌陷、地下水资源污染和枯竭、煤矸石堆占地及其对环境的影响等（附图4）。淮南东部九龙岗、大通的衰退过程正是这一问题的真实写照。

20世纪60年代以前，九龙岗、大通的煤炭工业及其相关产业比较发达，是淮南市经济繁荣的地区。60年代后，煤炭资源枯竭，矿井先后关闭，原来靠开发资源形成的繁荣成了明日黄花，经济上一落千丈。矿区大面积塌陷，土地无法开发利用，经济调整和发展失去了支撑点。原有的交通、建筑遭到严重破坏。更由于自然景观破坏，生态环境恶化，而显示出一片荒凉和破败，与繁荣的西部地区形成了鲜明对照。

地面塌陷是地下采矿区域常见的地质灾害。塌陷区内地下岩土结构、地下水和地表水的径流系统被破坏，地表起伏不平，雨天积水，晴天扬灰，难以利用，多成为废弃土地。单靠自然界的自我调节能力的恢复的过程将是一个长期的地质历程。我国东部地区人多地少，许多地方已是寸土寸金。那些因塌陷废弃的土地不能开发利用，其潜在的经济损失难以估量。事实证明，单靠开发资源发展经济的模式并非致富之路，不合理开发不但不能带来富裕，而且会使环境恶化反而会导致贫穷。

据初步统计，矿区采矿塌陷面积达 112.16 km^2，全区积水面积为 14.17 km^2。地表塌陷区主要集中在淮河南岸的老矿区，矿井密布，采矿历史长、强度大，塌陷程度相对严重，沉陷最深达 19.8 m。受地形起伏和开采强度的影响，出现若干积水区，最大水深达 10 m 以上。而淮河北岸新矿区地势平坦，松散沉积层厚度大，因而地面塌陷范围广，沉陷速度慢，沉陷量小。由于地表径流及潜水汇集，形成大面积浅水域。随着煤矿的不断开采，塌陷范围将逐年增长。

矿区采矿疏干和取水工程大量开采岩溶水，使得地下水位下降，形成隐伏岩溶和土洞塌陷。在不同矿井形成了沿地层走向分布的岩溶塌陷坑 24 个，严重危害了公共设施和工业、民用建筑的安全。据不完全统计，淮南矿区目前的岩溶水供水和矿井排水已达 10^5 m^3/d，数十年来形成了约 59 km^2的降落漏斗区。漏斗中心最深水位标高，如李一矿的奥陶系灰岩水位为－148.71 m，谢一矿的石炭系灰岩水位低达－129.22 m，新庄孜矿寒武系灰岩水位已降低到－90 m 以下，造成八公山地区地下水资源枯竭，原有的 20 多处泉水干枯。

淮南矿区矿井水排放量持续增长。目前全区矿坑水排放量达 68 598 700 m^3/a，造成附近的河水变黑，使河水及两岸浅层地下水严重污染。各煤矿数以亿吨计的矸石山不仅占用大量土地，还是环境的主要污染源。淮南地区虽远离沙漠，但时常也会发生飞沙扬尘的天气，尘源就是矸石山。矸石山在风化作用下，会释放大量有害气体（如 SO_2，H_2S 等）污染空气。雨天，流经矸石山的水渗入地下，污染土地和地下水，对工农业生产和人类健康产生危害。

1996 年煤矸石的年排放量为 3.40×10^6 t，煤矸石的堆存量约 3.60×10^7 t，占

地面积约133.3 ha。煤矸石的组成以不同粒径的砂质岩和泥质岩岩石碎块为主，并含有煤、有机质、硫分等特殊成分。其矿物成分和化学成分随产出层位和矿井的不同而有很大的变化。矿物成分主要为黏土矿物、石英、方解石、黄铁矿等；此外，还含有少量重金属和稀有元素，如镉、铅、锌、汞、砷、铜、铬等金属离子。如将煤矸石作为土工充填材料直接填入塌陷而形成的塘、湖、沟或其他低洼地区，对堆放场地和废弃物不做任何处理，会造成水和土体污染。

矿区煤矸石淋滤液中重金属的排放与转移会对接纳的水和土体造成污染。它们多数不能被生物分解，反而在食物链的生物放大作用下大量富集。最后进入人体，对人体健康产生长远的不良影响。另外，水溶液pH值的降低或升高会破坏其自然缓冲作用，妨碍水体自净，也会对水体、动植物造成危害。重金属的排放与转移，必然会对塌陷区积水及周围水系造成污染。煤矸石淋滤物不仅会对塌陷区填充的复垦土壤造成污染，还通过水体运移对周围土壤造成影响。煤矸石的一些重金属含量一般均高于附近土壤中的相应含量，部分重金属含量甚至高出土壤背景值1倍以上。因此，不论填充塌陷区的煤矸石淋滤物，还是煤矸石堆的长期暴露风化，淋滤出的重金属元素都会对土壤造成污染。

空气污染主要源自煤矸石尘埃的飞扬和煤矸石的自燃，尤其在高温季节产生大量的有害气体。20世纪60年代李一矿的矸石堆自燃达5年之久，周围地区尘雾蒙蒙，当地居民易患呼吸道疾病。此外，煤矸石残留煤的自燃、有机质的化学分解、硫化物的蒸发以及风化作用等都会削弱堆积物的密度和结构状态，导致过度压缩变形，引起抗剪强度和承载力降低，从而影响其稳定性；尤其是煤矸石岩性多为软质岩，其抗水性差、浸水软化，易引发破坏性滑坡和泥石流。

对煤矸石等弃渣的处理和废弃地的治理已成为世界各国普遍关注的课题。1998年，我国颁布了《土地复垦规定》，其原则是：因地制宜，针对不同的矿山废弃地类型，选择适宜的生态恢复类型和技术，使这些被破坏的土地恢复为农田、林地、工业建筑业用地、游乐场地、自然保护地、人工湖或其他用地。在这些治理措施中，煤矸石的卫生填埋是防止煤矸石淋滤物等对环境污染的重要手段。

1.7　安徽省地质博物馆简介

安徽省地质博物馆坐落于合肥市天鹅湖畔安徽省文化博物园中。总建筑面积 26 500 m^2，设有序厅、地球厅、生命演化厅、恐龙厅、矿物岩石厅、资源与环境厅 6 个常设展厅，附设中庭休闲区、4D 科普影院、多功能学术报告厅、临时展厅及室外景观区。

序厅位于南楼东一层入口处。中间位置摆放的是目前国内最大的天然水晶球，直径达 1.61 m，重达 5.7 t。汉白玉浮雕墙描绘的是地球生命演化简图。

地球厅位于北楼东一层。以“地球——生命的摇篮”为主题，突出表现了地球的形成和演化过程。运用现代化科技手段，以场景的形式模拟火山、风化、冰川等地球的内外动力作用，展示了大别山的造山运动和中国实时地震带分布。

生命演化厅位于北楼西一层。以“生命演化”为主题，地质时代为主线，采用实体化石标本、模型标本、图文展板、复原场景景观和互动多媒体等形式，按生命演化的各个阶段分别介绍地球上的生命起源、发展和演化进程。精选的 651 件化石珍品(其中蓝天生物群、巢湖鱼龙及带毛恐龙等化石尤其珍贵)是各个地质时代具有代表性的化石。

恐龙厅位于北楼西二层、西三层回廊、西四层回廊。以“恐龙的世界”为主题，利用现代的空间美学元素将恐龙知识介绍、标本展示、生态景观复原和互动多媒体等有机结合，分专题展示恐龙起源、演化、发展、灭绝的历史。

矿物岩石厅位于南楼西一层。展厅分为矿物学基本知识展区、常见矿物展区、宝玉石展区、观赏石展区等 4 个部分。展厅是以“精美的石头”为主题，以矿物岩石学基础知识为起点，从不同角度展示自然界中各种精美的矿物和岩石。

资源与环境厅位于南楼西二层。以“富饶美丽的安徽”为主题，突出展示土地资源、矿产资源、水资源等安徽的国土资源情况。地质环境包括地质遗迹、地质公园、地质灾害的情况。大沙盘集中展示了安徽的地质、地貌及矿产等。

目前馆内馆藏标本汇集了省内主要矿物、岩石、古生物化石及奇石和宝玉石精品等，有皖南恐龙蛋、恐龙骨骼、恐龙足印化石，巢湖鱼龙化石以及有史料记载的陨石等(据安徽省地质博物馆网站，2013)。

第2章　区域地质概况

淮南地区南临秦岭—大别构造带，东至郯庐断裂，大地构造单元隶属华北陆块东南缘豫淮陆内构造带(图 2.1)。由于独特的大地构造位置和漫长的地质演化历史，这里不仅保存了太古代以来不同阶段的地质记录，而且形成了丰富多彩、类型齐全、典型直观的各种地质现象，呈现出复杂的地质景观。

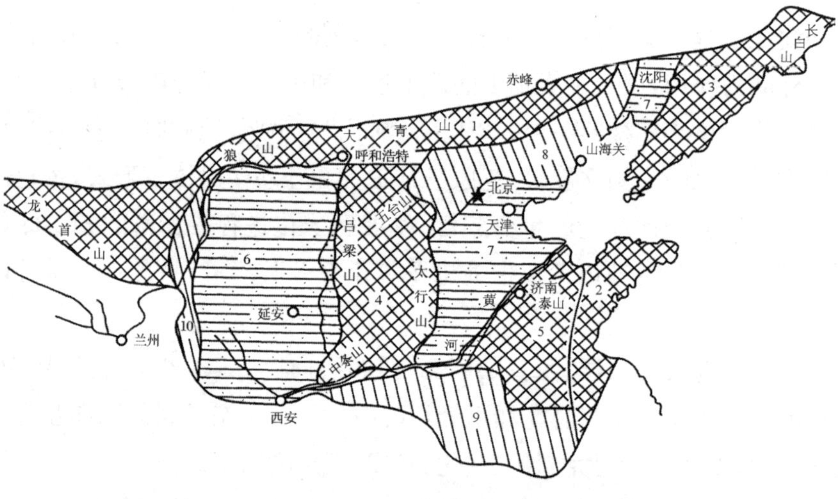

图 2.1　华北陆块大地构造分区简图

(据赵温霞，2003)

1.内蒙古地块；2.鲁东地块；3.辽东地块；4.山西地块；5.鲁西地块；6.鄂尔多斯构造盆地；7.辽冀构造盆地；8.燕山陆内构造带；9.豫淮陆内构造带；10.贺兰—六盘陆内构造带

2.1　地　　层

研究岩石的形成时代和它们的先后顺序，这就是地层学。地层工作的主要内容就是将野外的岩石(层)进行划分和对比，即根据岩性、古生物、同位素年龄等确定其形成时代，并按原有的先后顺序，将岩层划分为不同的地层单位，如宇、界、系、统、群、组、段、层。不同地区地层还要对比，确定它们时代是否相当，从而建立区域地层系统。国际地层表见附表1。

地层学是地质科学的重要分支，地层研究工作是一切地质工作的基础。在研究地质历史、生物演化、地质构造、寻找矿产等方面有着重要的作用。淮南地区煤系地层隐伏于新生代松散层下，而淮南煤田却是从地面地层研究，特别是石炭系含有孔虫化石地层的研究而发现的。

实习区中生代的印支、燕山运动使本区地壳隆升，岩层褶皱断裂，形成了淮南复向斜以及北西西向主体构造与北北东向断裂相叠加的构造格局。复向斜南翼有阜凤—舜耕山逆冲推覆构造，北翼有明龙山—上窑山重力滑塌构造，两翼低山丘陵出露有太古界霍邱群、古元古界凤阳群、新元古界青白口系和震旦系、古生界寒武系、奥陶系等地层。淮南地区隶属华北地层大区，晋冀鲁豫地层区，徐淮地层分区，淮南地层小区(图2.2，附图5和表2.1)。

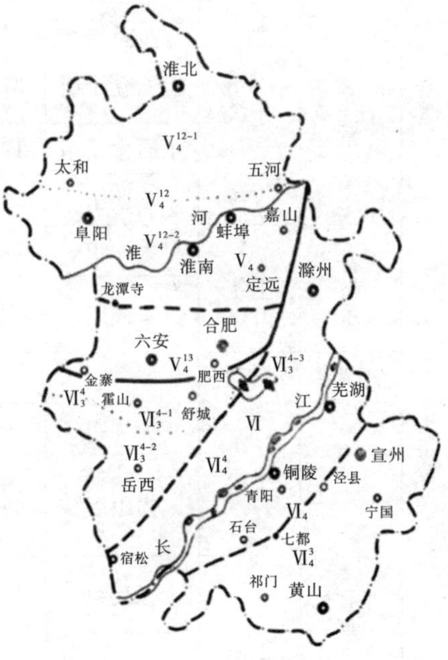

图2.2 安徽省地层区划图

(据安徽省地质矿产局，1997)

V_4.华北地层大区晋冀鲁豫地层区；

V_4^{12}.徐淮地层分区；V_4^{12-1}.淮南地层小区

在新元古代和寒武纪，淮南地区沉积环境相对稳定，发生海洋沉积，形成一套较为完整的新元古界地层。由于淮南地区出露的新元古界地层形成时处于华北和华南两大沉积类型的过渡地带，地层发育良好，它正是华北蓟县剖面和华南峡东剖面所缺失的地层(蓟县青白口系顶界年龄约为850 Ma，峡东震旦系底界年龄约为700 Ma)，弥补了我国新元古代和寒武纪早期地层的缺页，在区域地层对比中具有举足轻重的地位，为完善我国新元古代地层程序提供了重要依据。

表 2.1　淮南地区区域地层简表

界	系	统	组	厚度(m)	主要岩性
新生界	第四系			40～130	浅黄、灰黄色黏土夹砂层
	新近系			0～1 528	灰绿色、浅棕黄色，固结黏土夹砂层
	古近系			0～2 000 以上	浅灰色、棕褐色砂泥岩及其互层，夹砂砾岩
中生界	白垩系	上统		>647	紫红色粉、细砂岩，砂砾岩
		下统		1 844	棕红色泥岩、粉砂岩，细到中粒砂岩
	侏罗系	上统		>637	凝灰质砂砾岩，凝灰岩和安山岩
	三叠系	下统		0～1 000 以上	紫红色细粒砂岩、粉砂岩互层，夹泥岩
古生界	二叠系	上统	石千峰组	114～400	杂色泥岩、红色长石砂岩
		中统	上石盒子组	376～506	深灰色泥岩，灰绿色、浅灰色砂岩，底含石英砂岩，含煤层
			下石盒子组	191～265	灰色砂泥岩及其互层，底含粗砂岩，含煤层
		下统	山西组	52～87	上部细至粗砂岩，下部深灰色泥岩，含煤层
	石炭系	上统	太原组	120～160	灰岩为主，夹泥岩和砂岩，局部含薄煤层
			本溪组	0～40	杂色铁铝质泥岩、铁锰质砂岩夹黄色泥灰岩，产 *Pseudoschwagerina* sp. 等化石
	奥陶系	中下统		>400	钙质页岩、中厚层白云岩，角砾状灰岩
	寒武系	上统	土坝组	48～172	白云岩，硅质白云岩，产三叶虫、腕足类化石
			崮山组	49～88	中薄层鲕状灰岩、竹叶状灰岩、微晶灰岩夹薄层黄绿色页岩、瘤状灰岩，产 *Blackwelderia* sp.
		中统	张夏组	146～358	鲕状灰岩、生物灰岩、核形石灰岩和细晶白云岩，产 *Damesella* sp.
			徐庄组	121～186	上、下部灰岩，中部棕黄色砂岩夹页岩，含海绿石和三叶虫、腕足类、腹足类化石
			毛庄组	18～86	灰岩和页岩互层
		下统	馒头组	204～395	上、下部紫红色页岩，中部灰岩，产 *Redlichia* sp.
			猴家山组	79～136	灰质白云岩与白云质泥灰岩互层。具蜂窝状硅质团块和石盐假晶，含磷块岩和三叶虫化石

续表

界	系	统	组	厚度(m)	主要岩性
新元古界	震旦系		凤台组	10～97	灰黄、灰红色砾岩、白云岩砾岩，砾石棱角状
		淮南群	四顶山组	102～346	灰色、粉红色中厚层白云岩、含燧石结核白云岩。富产叠层石，潮间带沉积
			九里桥组	26	泥灰岩、粉砂质灰岩。产蠕形动物、带状藻类、微古植物及叠层石
			四十里长山组	35～45	灰色钙质石英砂岩、粉砂岩和泥岩，含海绿石
	青白口系	八公山群	刘老碑组	685～837	下段灰绿、灰紫色泥灰岩夹钙质页岩；上段黄绿色页岩、粉砂岩，含微古植物及疑源类化石
			伍山组	19～192	灰白色石英砂岩、砾岩，含海绿石，海滩沉积
			曹店组	18～21	紫色铁质砂砾岩，滨岸砾屑滩相沉积
古元古界			凤阳群	640～1 171	区域浅变质沉积岩系，原岩为滨海相陆源碎屑和浅海碳酸盐沉积，同位素年龄19亿年
新太古界			霍邱群	＞718	角闪斜长片麻岩。含石英片岩和大理岩，富集石英磁铁矿，同位素年龄27亿年

实习区位于华北地层区南缘，地层发育有其特殊性。石炭系—二叠系地层中发育了多层煤层；新元古界和古生界下部地层如刘老碑组、九里桥组、四顶山组、凤台组、猴家山组等都是淮南地区特有的，更因刘老碑组和九里桥组中发现世界最早的后生动物化石而闻名于世。

2.1.1　新太古界(NA)

霍邱群　遭受混合岩化作用改造的火山-沉积变质岩系。共原岩下部以中性火山岩及凝灰岩、杂砂岩为主，夹基性凝灰岩及火山熔岩，具中性与基性火山物质相间成层的特点，并夹大量沉积岩。中部和上部主要由泥质岩、泥质杂砂岩、杂砂岩、泥灰岩及铁硅质岩组成，靠近下部夹中酸性及基性凝灰岩。霍邱群变质岩的原始物质已受到大陆壳物质的影响，而不是直接来源于上地幔。原岩也不是完全来自于大陆壳硅铝质岩，即既不是单一火山成因，也并非全是陆源成因，而是二者皆有，属火山-沉积成因。同位素地质年龄2 700 Ma，原岩主体形成时代属新太古代。

2.1.2 古元古界(PP)

凤阳群　一套低绿片岩相区域变质沉积岩系，原始沉积物自下而上为石英砂质—砂、粉砂泥质及富镁碳酸盐交替—粉砂泥质、泥质及少量泥灰质，普遍含铁质条带，是一套滨海相陆源碎屑和浅海相富镁碳酸盐及泥质沉积，韵律明显。同位素年龄约 1 878 Ma，反映了 1 900 Ma 前后的一次变质事件，时限属早元古代。

2.1.3 新元古界(NP)

实习区的青白口系称八公山群。此名源于徐嘉炜(1958)的“八公山统”，自下而上分为曹店组、伍山组和刘老碑组。

曹店组　指凤阳群大理岩到千枚岩之上、伍山组石英砂岩之下的铁质砂砾岩(附图 6)。本组被伍山组中粗粒石英砂岩假整合覆盖，下与凤阳群不整合接触，总厚 14 m。下部为灰白、灰紫色巨厚层石英砾岩及铁质石英砾岩，上部是灰紫色薄层铁质含砾砂岩及铁质粉砂岩，属滨岸砾屑滩相沉积。总体为下粗上细，铁质增高时可成为凸镜状赤铁矿贫矿体，有时具鲕粒状构造。曹店组分布极不稳定，砾岩分选较差，砾石磨圆较好，砾径不等，1～3 cm 者居多，成分以石英岩为主，泥砂质及铁质呈基底式胶结。粗屑物来源于下伏地层，岩石无明显变质。

伍山组　原名为“伍山石英砂岩”，系李四光(1952)创建。本组被刘老碑组紫红色细粒砂岩及紫红、黄绿色钙质页岩夹同色薄层灰岩整合覆盖。底部为 2 m 厚的灰白色中厚层石英砾岩，砾石均由石英岩组成，砾径 0.5～1 cm，浑圆状，胶结物为硅质；其上为单一的灰白、乳白色中到厚层含海绿石细粒沉积石英岩，下部含少量砾石，局部见交错层理和波痕，属海滩相沉积。全区岩性稳定，厚度变化在 19～192 m。底部砾岩显示了与曹店组间的沉积间断。

刘老碑组　原名刘老碑系，谢家荣(1947)创名于寿县城北刘老碑村。该组下段为灰紫色、浅灰绿色薄层泥灰岩与钙质页岩、白云质灰岩、石英粉砂岩组成韵律(附图 7)；上段为黄绿色页岩与薄层细粒石英砂岩、含海绿石石英砂岩及钙质石英粉砂岩和泥质灰岩组成韵律。水平层理为主，反映了弱还原—氧化环境潮下静水低能沉积环境。富产疑源类、带状褐藻类及微古植物。全区厚度变化幅度不大，一般在 685～837 m 之间。上、下界均呈整合接触。地质时限在 850～800 Ma 之间，其时代属青白口纪。

依据古水温测定结果推测，刘老碑组形成时海水温度较高（45 ℃），水流不甚通畅，中、表层水体适宜于漂浮的宏体藻类和某些后生动物的繁衍。

本区的震旦系称淮南群，分布于淮南—凤阳山区。自下而上分为四十里长山组、九里桥组和四顶山组以及凤台组。

四十里长山组　杨志坚（1960）创名于霍邱县四十里长山一带，汪贵翔等（1984）曾称寿县组。指分布于霍邱四十里长山及淮南—凤阳一带，整合于刘老碑组页岩之上、九里桥组砂灰岩之下的一套浅灰色含钙质石英砂岩，由石英砂岩、钙质细粒石英砂岩、石英粉砂岩、钙质石英粉砂岩和粉砂质泥岩组成韵律层，总体向上变细，为退积型沙滩—沙坝—滨海潮间带沉积。顶、底均以含钙质石英砂岩的出现和消失为分界标志。该组岩性基本稳定，厚度 35～45 m，钙质石英砂岩中含海绿石，年龄值为 738.6 Ma，时代为早震旦世（附图 8）。

九里桥组　朱兆玲等（1964）创名于寿县城北九里桥。出露于霍邱、淮南—凤阳山区四十里长山组钙质石英砂岩之上、四顶山组白云岩之下的一套含粉砂质灰岩、泥灰岩、粉砂质白云质灰岩地层，产蠕形动物、大型疑源类、带状褐藻类、微古植物及叠层石等生物化石（附图 9，10）。下界以不含石英砂岩，上界以不含白云质为其标志，在寿县城北九里桥剖面厚 26 m，与下伏、上覆地层均呈整合接触。该组富产蠕形动物，其大量出现时间的下限约在 750 Ma 左右，时代为早震旦世。

淮南地区新元古代九里桥组厚度不大的碳酸盐岩中不仅记录了多次特征明显的风暴沉积，还保存了在地球早期生命演化过程中具有重要地位的“淮南生物群”的主要化石分子。另外，该组中叠层石发育，含有种类较多的微体浮游植物。九里桥组沉积期发生的风暴活动由盛到衰的过程与该组中的叠层石、微体浮游生物和宏体后生动物化石记录由少增多的过程相对应，现象表明频繁发生的风暴活动对这一时期区域性生物的发展具有明显的影响。

九里桥组形成时的海水温度适中（13 ℃），水流通畅、水体较浅，日光充沛，适宜于底栖和漂浮的生物大量繁衍。

四顶山组　徐嘉炜（1958）创名于寿县北四顶山。指整合于下伏九里桥组，平行不整合于上覆凤台组或猴家山组之间的薄到厚层白云岩（附图 11）。岩性稳定，分布仅局限于淮南地区。底、顶界均以白云岩的出现和消失为界。岩性大体可分为三段：一段为灰、粉红色厚层白云岩；二段为灰色中厚层含燧石结核白云岩，具微细层理;三段为浅灰、灰色厚层白云岩。三段岩石中富产叠层石,厚度102～346 m。具鸟眼、干裂、冲刷及充填构造,显示出潮间带沉积特征。

研究表明,淮南群四顶山组在海洋环境中形成,其形成时代距今大约800 Ma。为解决我国南、北上前寒武系区域对比提供了证据,也进一步印证了有关淮南生物群属于先埃迪卡拉期的学术观点。

凤台组　原名凤台砾岩,徐嘉炜(1958)创名于凤台县东南八公山一带。指平行不整合于四顶山组之上的灰红色中薄到厚层砾岩,白云质砾岩(附图12,13)。该组仅分布于淮南地区,主要为灰红色砾岩、白云岩砾岩。砾石分选性、磨圆度差,多呈棱角状。此外见有含砾纹层状白云岩,具水平纹层,横向不稳定,多呈夹层出现。厚度10～97 m。横向上超覆于四顶山组不同岩性段之上,形成时代为620～608 Ma,归属震旦纪。

关于"凤台砾岩"的成因问题,多年来一直争论不休。徐嘉炜(1956)在淮南地区寒武纪沉积研究中,首次将该套含磷岩系和角砾岩系做了较系统的划分和对比,创建了猴家山统地层单元,确认其时代为早寒武世,并认为凤台砾岩为干旱气候下快速堆积的山麓相。杨志坚(1958)曾对含磷岩系和角砾岩作过探讨,首次提出豫西临汝角砾岩是冰川成因,确认其属于震旦纪;杨志坚(1960)又认为淮南地区的凤台砾岩是下寒武统的底部砾岩,可能是相当于早寒武世中期形成于海湾沉积建造的同生角砾灰岩。1959～1964年间,潘江、薛志照、朱兆玲、华德昌及郑文武等曾先后对猴家山统及其下伏震旦系做过专题研究工作。郑文武等(1980)认为,凤台砾岩属于大陆裂谷陆缘山岳冰川性质,形成于震旦纪晚期;其成因虽然与碎屑流沉积有关,但也与来源于南侧的冰川活动有一定的联系,主要依据是所发现的冰川擦痕、刻痕和压坑、冰溜面等特征。任润生(1982)认为,凤台组为冰碛层,主要由冰碛砾岩、含砾冰碛纹泥层及含砾粉砂质页岩三种岩性组成。根据冰川活动特征推测,这些岩层是覆于华北地台腹地大冰盖边缘的冰川沉积物。王翔(1993)认为,凤台组的成因颇为复杂,不仅具有冰碛岩的某些特征,而且还有重力流及滑塌沉积的特点,凤台组地层主体可能在冰前泻湖或海湾(冰海)环境中形成。章雨旭(1998)研究认为,凤台砾岩的特征是砾石磨圆度、分选性差,主要来自下伏四顶山组叠层石灰岩、砂屑灰岩,砾石和胶结物均以碳酸盐岩为主。凤台砾岩与下伏四顶山组叠层石灰岩具有指状交叉的过渡接触关系,具缓坡相特征的叠层石完好地生长于砾岩之上。凤台砾岩是在四顶山组沉积的同时，由于地震诱发而整体顺坡下滑，形成高密度流，并在台地外缘斜坡环境堆积形成磨圆度及分选性差、无层理、厚度不等、砾石和填隙物均以碳酸盐岩为主的特殊砾岩。曹高社(2006)根据地层中磷结核的地球化学特征研究认为，磷结核的形成需要有上升的洋流，大陆边缘必须是温暖环境，凤台组部分地层可能形成于温暖的海相环境；并根据凤台组沉积相研究认为，凤台组具海底扇沉积模式。

中—新元古代是全球 Rodinia 超大陆汇聚和裂解的重要时期。Moores(1991)在参加南极考察后发现新元古代南极东部克拉通与美国西南部克拉通可以拼合，提出了著名的 SWEAT 假说：中元古代末期劳亚古陆的西缘与澳大利亚—南极的东缘曾拼合在一起。Hoffman(1991)在 SWEAT 假说的基础上，对 Rodinia 超大陆进行了古地理再造，提出劳亚古陆位于超大陆中心，澳大利亚、印度和东南极与其相邻，西伯利亚位于劳亚大陆一侧(图 2.3)。在 Hoffman 建立超大陆的地质依据中，除了考虑古地磁和地层学证据之外，重点强调了 Grenville 造山带和裂谷地质记录的对比，确立了 Grenville 造山运动是 Rodinia 超大陆形成的地球动力因素。Li等(1995)在 Hoffman 研究工作的基础上，根据扬子陆块周缘中一新元古代造山和裂谷记录提出，在 Rodinia 超大陆中心澳大利亚、劳亚和南极大陆之间缺少了一个曾经存在过的地质体，即由扬子陆块与华夏陆块碰撞而形成的华南板块。华北、华南大陆均发育有 Grenville 造山带的残留部分，它们是全球中—新元古代超大陆的组成部分，也是我国古陆块与 Rodinia 超大陆进行对比的重要标志。

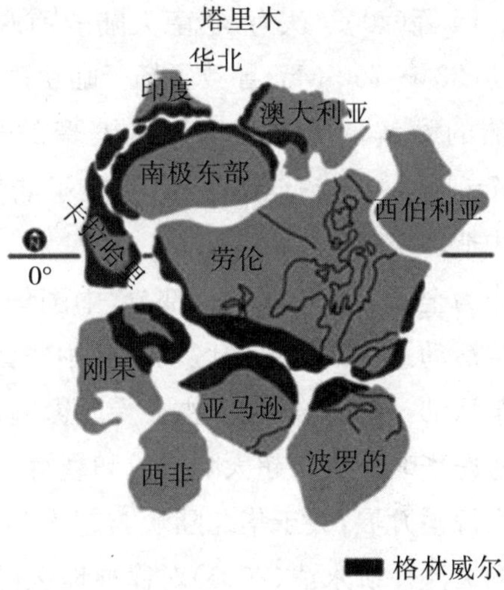

图 2.3　Rodinia 超大陆古地理再造图

(据 Hoffman P F,1991)

新元古代早期是 Rodinia 超大陆由汇聚转变为裂解的重要时期。Powell 等

(1993)提出 Rodinia 超大陆的裂解首先发生在劳亚大陆与东南极和澳洲古陆之间，古地磁确定的裂解年龄为 720 Ma。陆松年(1999)认为 Rodinia 裂解是穿时的，从 1 000 Ma 至 720 Ma，并认为 850～800 Ma 可能是从汇聚转变为裂解的全盛期。Torsvik(2003)也认为，850～800 Ma 期间，Rodinia 超大陆的裂解很可能在澳大利亚、东南极、劳亚和华南大陆之间开始。

Park 等(1995)首先提出，Rodinia 超大陆的裂解可能是由于地幔柱活动引起的，直接的证据是劳亚大陆西缘存在与地幔柱活动有关的 780 Ma 前后的放射状岩墙群。Li 等(2003)认为，华南大陆的前寒武系保留了某些地质记录，是超地幔柱的活动(830～750 Ma)导致了扬子陆块周缘大陆裂谷的形成，并最终导致 Rodinia 超大陆的裂解。扬子陆块周缘汇聚的构造环境一直持续到 900 Ma 前后，在 820 Ma前后，由于超地幔柱作用，扬子陆块边缘的地球动力学机制由挤压转变为拉张构造环境(Li et al.，2003)。

作为全球大陆块体的一部分，中国华南和华北板块在保留与超大陆裂解有关的岩浆活动上存在较大的区别。其中华南表现为显性岩浆活动，华北则表现为隐性岩浆活动，以地幔底侵为主。受此影响，早先大部分 Rodinia 超大陆的重建方案并未考虑华北板块与超大陆形成和裂解之间的可能联系。随着近年地质年代学研究的大规模开展，关于华北陆块与超大陆聚合与裂解关系的讨论开始引起了相关人士的关注。柳永清(2005)对徐淮地区侵位于震旦系地层中的辉绿岩进行的年代学(1 038～976 Ma)研究认为，华北板块南缘存在与 Rodinia 超大陆汇聚过程中 Grenville 期大洋板块俯冲有关的新元古代初期的基性岩浆活动，华北陆块也是中—新元古代全球 Rodinia 超大陆的一部分。

新元古代时期是 Rodinia 超大陆裂解、低纬度冰川发育和多细胞生物繁衍的重要阶段，涉及到全球性的古板块运动、气候变迁、生命演化等一系列跨学科的重大科学问题，已经成为近年来国际地球科学研究的热点和前沿。其中关于成冰系顶、底界的时限和冰川的活动年龄，超大陆裂解的起始时间和持续时间，中国不同陆块的演化历史及其在超大陆构型中的位置，裂谷岩浆活动的性质和热液蚀变强度，低^{18}O 岩浆成因的古气候意义，超大陆演化与气候突变之间的关系等，是当前中国地球科学界十分活跃并得到迅速发展的研究领域。目前国内在这些领域已经取得了一些突出进展，同时也提出了许多重要的问题亟待解决。全球出现寒冷气候甚至大面积冰川的原因是什么？“雪球地球”（Snowball Earth）事件开始和结束的时间和原因是什么？新元古代中期裂谷岩浆作用与冰雪融化有没有直接关系？岩浆作用是终止还是启动了“雪球地球”事件？是冰冻过程还是与裂谷岩浆作用有关的热液活动促进了晚前寒武纪的生物辐射？这些问题涉及到地球在前寒武纪晚期发生的内外圈层之间能量和物质交换等一系列重大科学问题。从现有资料来看，新元古代“超级地幔上涌”事件在华南表现为显性岩浆活动，而在华北则表现为隐性岩浆活动。新元古代中期与 Rodinia 超大陆裂解有关的超地幔柱作用及其衍生的大规模岩浆活动，可能对“雪球地球”事件的形成和演化发挥了重要作用。

“雪球地球”事件的发生与前寒武纪晚期整个地球系统的重大变化有着十分密切的关系，它绝不是一个孤立的冰川事件。与显生宙的冰川作用不同，新元古代冰川推进到赤道及其附近的海面。尽管对这一罕见冰川现象有不同的假说与解释，但是越来越多研究者把它们与“雪球地球”事件联系起来，与 Rodinia 超大陆的裂解、超级地幔柱的活动及古地磁真极漂移一起来考虑。同样，在新元古代“雪球地球”事件发生前后，大气圈氧含量也经历了一次明显的增加，海水的碳、硫和锶同位素记录都曾发生地质历史上最大幅度的变化。就在“雪球地球”事件发生之后不久，地球上出现了多细胞的后生动物，继而进入寒武纪的“生物大爆发”。这一系列重大地质事件的先后发生表明它们是密切相关的。

淮南地区广泛出露有新元古界的沉积地层。其中是否隐藏有与新元古代全球 Rodinia 超大陆汇聚或裂解相关的地质信息？“凤台砾岩”是否是震旦纪冰期的产物，与新元古代“雪球地球”事件是否相关及其与“寒武纪生命大爆发”之间的成因联系等诸多科学问题值得我们关注。

2.1.5 寒武系(Є)

本区寒武系自下而上分为 3 个统 7 个组，即下统猴家山组、馒头组，中统毛庄组、徐庄组、张夏组，上统崮山组、土坝组。这些地层单位中，除凤台组与猴家山组之间为假整合接触外，其余均呈整合接触。

猴家山组 徐嘉炜(1956)创名于淮南猴家山，以灰质白云岩与白云质泥灰岩互层为主的地层(附图 14)。岩性下部为磷矿层、含磷砾岩、砂灰岩，产腕足类、软舌螺、三叶虫；上部为粉砂质页岩、含硅质灰质白云岩。底以磷矿层(区域上为砾岩、含磷砾岩)出现为界;顶以白云岩消失为界。岩性较稳定,普遍具有蜂窝状硅质团块和石盐假晶,具鸟眼构造、帐篷构造、古风化壳、水平纹层、微波状层理等特征。淮南地区见有垮塌砾石和滑塌构造,厚 79～136 m;该组上部产三叶虫 *Redlichia*,软舌螺 *Hyolithes*;下部地层变化大,含磷砾岩、磷块岩、砂灰岩普遍发育,为磷矿层部位。时代为早寒武世。

猴家山组底部含磷层假整合于凤台组之上。这一时期的含磷层在华北陆块的西南缘、南缘、东北缘广泛分布,由一连串的成磷小盆地所控制,代表温暖时期的气候条件下早寒武世一次主要的成磷事件,含磷层的主体都是一套低纬度地区干旱气候条件下的蒸发岩—白云岩沉积组合,海水盐度高,pH 值高,掺合作用弱,有利于陆源磷质的汲取和生物富集而形成磷块岩。猴家山组底部磷块岩形成后,干热的蒸发及其所导致的高盐度环境并无明显地改变,加上陆块的沉降、海进速率与沉积速率的均衡,陆源碎屑的干扰弱,在淮南及邻区持续形成了 100 多米厚的白云岩,局部夹少量白云质灰岩。

凤台磷矿赋存于猴家山组,由磷块岩、含磷灰岩、含磷页岩组成含磷岩系。为下寒武统下部的沉积矿床,不整合接触于寒武系下部底砾岩之上。砾石状、芝麻状或层状磷块岩的矿物组成主要为石英、玉髓与胶磷矿。砾石状磷块岩中砾石成分以含磷砂岩为主,主要矿物为石英和胶磷矿;芝麻状矿层主要由鲕粒状岩体组成,石英碎屑多构成鲕粒的核心;层状磷块岩主要是胶磷矿、石英和玉髓的混合沉积。含磷岩系沉积区砾石状磷块岩中原生沉积的砾石是由于基准面动荡不定,矿层受冲刷作用而形成的。

馒头组 可分为两段,下段自下而上可分为四部分,底部主要为含海绿石灰岩,下部为含灰岩扁豆体的暗紫色页岩,中部为豹皮状灰岩,上部为灰岩和页岩不规则互层,厚 120～215 m。上段岩性主要为灰岩和页岩互层,厚度为 84～180 m(附图 15,16)。本组主要生物为三叶虫 *Redlichia*,尚见有腕足类及藻类化石。

毛庄组 主要岩性为灰岩夹少量粉砂质页岩,厚 18～86 m(附图 17)。本组含三叶虫 *Proshantungaspis*,*Shantungaspis*,软舌螺 *Hyolithes*,腹足类 *Helcionella* 和藻类 *Girvanella* 等。以 *Shantungaspis* 最丰富且层位稳定,时代为中寒武世早期。

徐庄组 岩性主要为灰色局部灰黄、灰红色的中薄至中厚层鲕粒状含白云质灰岩、灰岩，棕黄、紫红色薄层细粒长石石英砂英、含泥质石英粉砂岩。通常含海绿石、云母、钙质、铁质等。全组岩性较稳定，厚度为121～186 m。本组含丰富的三叶虫、腕足类、腹足类、软舌螺等化石及遗迹(附图18)，时代为中寒武世中期。

淮南八公山地区寒武纪徐庄组地层出露良好，化石丰富。在老鹰山剖面徐庄组底部的紫色页岩内所发现的一种新的三叶虫，命名为 *Huaiaspis huainanensis*（淮南淮河盾壳虫），它代表了一个尚未描记的且科级分类位置待定的新属新种。该三叶虫特点突出，头部特征极度消隐且不具眼、眼叶、眼脊的盲三叶虫。该三叶虫为小尾型后颊类，壳面光滑，背壳呈次椭圆形，头盖半圆形；头鞍呈钟形向前收缩；背沟浅，仅在侧光下可见；活动颊平滑宽大，具有宽阔的活动颊刺；胸部由14节组成；尾部中轴粗壮，无边缘沟。

张夏组　主要岩性为灰、灰黄、肉红色中厚层鲕状白云质灰岩、含白云质灰岩，局部含生物碎屑，具豹皮状构造，岩性较稳定，厚度为146～360 m(附图19)。本组化石丰富，三叶虫进入了大发展时期，尚见有腕足类、软舌螺和叠层石。时代为中寒武世晚期。

崮山组　主要岩性为灰、灰黄色薄至中厚层鲕状含白云质灰岩、灰岩，偶见竹叶状灰岩和含海绿石灰岩。白云岩发育，厚49～88 m。本组含三叶虫 *Blackwelderia* sp.等化石，时代为晚寒武世早期。

土坝组　徐嘉炜(1956)创建，命名地点在淮南市土坝孜。本组岩性可分为两部分：下部为浅黄棕色厚层白云岩；上部为黄白、微带肉红色厚层硅质团块白云岩，风化面呈蜂窝状构造(附图20)。本组含腹足类化石，厚48～172 m。时代为晚寒武世中晚期。

2.1.6　奥陶系(O)

实习区奥陶系主要为开阔台地至局限台地相碳酸盐沉积。生物群主要有头足类的珠角石类、三叶虫、层孔虫、腕足类、牙形石等。因受加里东运动影响，奥陶系假整合于寒武系之上，缺失早奥陶世部分沉积，中奥陶世晚期全区上升，直至晚石炭世才接受沉积。区内奥陶系自下而上分为下奥陶统贾汪组、萧县组、马家沟组和中奥陶统老虎山组。

贾汪组　层位稳定，分布较广。其岩性变化不大，为紫色、黄绿色页岩与含泥质白云质灰岩互层，厚 4～34 m。因受加里东运动影响，大部分地段假整合于寒武系之上，未见化石。

萧县组　主要为灰色中厚层灰岩、白云质灰岩、豹皮状灰岩，其底部普遍见有微层理发育的角砾状灰岩，顶部以黄色中薄层页状泥质灰岩与马家沟组分界。厚 157～250 m。下部含三叶虫、头足类和腕足类化石。时代为早奥陶世中期。

马家沟组　岩性和厚度稳定，厚度为 56～147 m。下段为褐灰色豹皮状白云质灰岩，含燧石结核；上段为灰、灰褐色厚层白云岩、灰质白云岩(附图 21)。时代为早奥陶世晚期。

老虎山组　岩性为灰、浅灰色中厚层灰质白云岩夹灰色薄层灰岩。含牙形石和海绵骨针，厚度 10～15 m。时代为中奥陶世。

寒武纪末大规模海退，代表了一次全球性的海平面下降。贾汪组为显著的海侵沉积，超覆于寒武系地层之上，是一次大规模的海侵。海侵持续到萧县组沉积中期，形成广布的白云质灰岩及生物屑泥晶灰岩，含丰富的海相化石。萧县组沉积末期，海平面下降，涉及整个华北地区，在马家沟组与萧县组之间形成陆上暴露和沉积间断。马家沟期海侵是继贾汪期海侵后又一次规模很大的海侵。海平面上升较快，形成广阔的、水流畅通的潮下碳酸盐岩沉积，灰岩中普遍含生物碎屑，见有层孔虫、头足类及三叶虫等。马家沟晚期发生海退，持续到中奥陶世老虎山组，缺失老虎山组以后的沉积。石炭系地层直接不整合在中奥陶统之上，这也是一次大区域性海平面上升过程。

2.1.7　石炭系(C)

实习区仅发育上统，分为本溪组和太原组。

本溪组　多被中、新生界覆盖，零星出露。岩性主要为灰色、暗紫色铝铁质黏土岩、黏土岩、粉砂质泥岩，夹青灰、浅肉红色灰岩，局部地段夹薄煤层，厚度为 20～40 m，与下伏中奥陶统老虎山组假整合接触。本组共发现䗴类化石 12 属，2 个化石带：下部为 *Eostaffella* 带，上部为 *Fusulina-Fusulinella* 带。

太原组　大多隐伏于中新生代地层之下，地表仅有零星露头。岩性主要为灰、深灰色结晶灰岩、生物碎屑灰岩，与深灰色砂质泥岩、页岩互层，夹薄层砂岩、铝土质泥岩及薄层煤，总厚 120～160 m。区内岩性和厚度稳定，灰岩层一般为 8～12

层,累计厚度约占本组总厚度的一半。含煤层一般为 4～8 层,底部以砂岩或燧石砾岩与本溪组整合或假整合接触。生物群以䗴、腕足类、古植物为主,伴有少量珊瑚。䗴类计有 13 属 38 种,以 *Pseudoschwagerina-Quasifusulina* 组合带为特征。

2.1.8 二叠系(P)

淮南地区二叠系为主要含煤地层。分为下统山西组、下石盒子组,上统上石盒子组、石千峰组,底部以灰岩与太原组分界。含煤层为 40～56 层,煤层总厚度 30～40 m,其中可采煤层为 11～19 层。主要可采煤层位于二叠系的山西组、下石盒子组和上石盒子组。按煤系旋回结构特征自下而上划分为 7 个含煤段,山西组和下石盒子组各有 1 个含煤段,上石盒子组有 5 个含煤段。各含煤段煤层编号、厚度、层数及分布情况见表 2.2。

山西组 岩性下部以灰、深灰色泥岩、砂质泥岩为主,夹粉砂岩和中细粒砂岩,有时为互层,形成条带状构造,发育水平或波状层理。泥岩和粉砂岩中含菱铁鲕粒或结核。底部为一层厚约 10 m 的灰白色细至中粗粒长石石英砂岩,上部为灰、深灰色细至中粒砂岩、夹粉砂岩、泥岩,时形成以砂岩为主的不等厚互层。发育斜层理或缓波状层理。本组总厚度为 52～87 m,含煤层为 0～3 层,平均总厚 5.4 m。本组富含植物化石,计 23 属 27 种,如 *Callipterdium* sp., *Calamites* sp., *Pecopteris* sp., *Lingula* sp. 等。

下石盒子组 下部以灰色、深灰色、灰黑色泥岩、砂质页岩、粉砂岩为主,夹灰色、灰白色砂岩,细粒石英砂岩,时呈互层状出现。泥岩中时含菱铁质鲕粒。下部夹 1～3 层铝土质泥岩、鲕状铝质黏土岩或花斑状黏土岩。底部为一层厚 2～20 m 的厚层中粗粒长石石英砂岩或石英砂岩,常含泥质同生角砾或石英砾。上为灰色、深灰色泥岩与灰色、灰白色中粒砂岩、细粒砂岩、粉砂岩互层,偏下部以砂岩为主,时含菱铁质鲕状泥岩及菱铁矿层。本组总厚度为 191～265 m;煤层平均总厚 13 m。泥岩、粉砂岩中含丰富的植物化石,共计 25 属 58 种,如 *Lobatannularia* sp., *Lepidodendron* sp., *Calamites* sp., *Taenioteris* sp., *Gigantonoclea* sp., *Plagiozamites* sp. 等。

上石盒子组 本组厚 376～506 m。下部以灰色、深灰色、灰绿色泥岩为主,夹薄层粉砂岩及细至中粒砂岩,时呈互层,并含一至数层鲕状泥岩,局部夹砂质页岩及炭质页岩,泥岩中常含菱铁质结核。含煤 4～6 层,底部为一层浅灰色、灰白色中至粗粒长石石英砂岩；中部以浅灰、灰绿色细粒砂岩、粉砂岩为主，夹深灰色、灰紫色泥岩、砂质泥岩，时为不等厚互层，局部地区夹燧石层及花斑状泥岩、铝质泥岩，泥岩中时含菱铁质结核或鲕粒。含煤层为8～11层，底部为一层灰绿色、灰白色细至粗粒长石石英砂岩；上部以青灰色、灰黑色、酱紫色泥岩、砂质泥岩为主，夹灰白色、灰绿色细粒砂岩、粉砂岩及中粒长石石英砂岩，还夹有数层鲕状和花状斑泥岩，偏下部含菱铁质结核(或矿层)，含煤层为3～5层。

表2.2 淮南矿区煤层厚度及分布情况

地 层	煤组	含煤段	含煤段厚度(m)	煤层编号/层数	煤层厚度(m)
上石盒子组	E	七	151.0	22～26/5	3.36
	D	六	89.5	18～21/4	3.15
		五	89.0	16～17/4	3.37
	C	四	82.7	12～15/4	7.35
	B	三	91.1	10～11/4	5.87
下石盒子组		二	101.9	4～9/10	15.19
山西组	A	一	69.0	1～3/3	4.49
合 计			682.14	1～26/34	42.78

本组含植物化石共23属40种，包括 *Annularia*，*Neuropteridium*，*Lepidodendron*，*Sphenophyllum*，*Gigantonoclea*，*Cordaites*，*Pecopteris*，*Taeniopteris*，*Lobatannularia*，*Alethopteris*，*Gigantopteris*，*Dicranophyllum* 等。

石千峰组 下部以紫红、灰色中粗粒长石石英砂岩为主，夹粉砂岩、泥岩，底部有一层厚约10 m的灰白色中至粗粒局部巨粒长石石英砂岩、砂砾岩层。上部以紫红色、暗紫色泥岩为主，夹粉砂岩、砂岩，时呈互层，富含钙质结核，局部夹薄层石膏。本组总厚度为114～400 m，不含煤，化石稀少。底界为灰白色中、粗粒砂岩，与下伏地层呈整合接触。

淮南煤田二叠系是以三角洲—滨岸平原相为主的沉积。运用沉积学、岩相古地理学和煤田地质学的分析方法，通过对岩心的砂岩组分、粒度特征、砂体形态、黏土矿物、沉积构造、古流向、古生物地层、地球化学、测井曲线的综合研究，对淮南煤田二叠系煤系地层的沉积特征和成煤环境进行的分析和研究表明，第一、二含煤段的地层代表了一个在海湾基础上发育的三角洲沉积体系，它分别经历了分流河口坝型—废弃分流河道型—海湾充填型水下三角洲平原三个阶段。第三、四含煤段形成于三角洲平原环境，沉积物类型包括河道沉积、天然堤沉积、决口扇或滨湖沉积、分流间湾沉积、河漫滩沉积、沼泽和泥炭沼泽沉积：第三含煤段是在三角洲平原上的树枝状分流河道体系中形成的；第四含煤段 13 煤层以下属网状河道体系，13 煤层以上水流已大为衰退，并向蛇曲河道体系转化。在第五、六、七含煤段中煤层附近泥岩中赋存舌形贝，砂岩中出现海绿石，煤层附近硅质层含丰富的海绵骨针及沉积构造特征表明，此 3 个含煤段的沉积环境均为海湾环境，直到第七含煤段沉积后期，才逐渐转为陆相沉积。

2.1.9　三叠系(T)—古近系(E)

下三叠统地层刘家沟组主要岩性以紫红色细粒长石石英砂岩、粉砂岩互层为主，夹泥岩，底部为砾岩，厚 192～240 m；和尚沟组以紫红色细粒石英砂岩、砂质泥岩为主，含砾较多。顶被古近系砂质角砾岩所覆盖，呈不整合接触。

侏罗纪—古近纪主要为陆相红色碎屑岩夹火山岩沉积。早、中侏罗世以河湖相沉积为主，局部为沼泽相含煤沉积。晚侏罗世以火山岩沉积为主。白垩纪—古近纪仍以河湖相沉积为主，局部有咸水湖泊相沉积，含石膏、岩盐。

实习区中、新生代各地层的特征详见《安徽省岩石地层》(1997)。

2.2　古　生　物

古生物的研究在地质科学中占有十分重要的地位：(1)探索生命起源和生物的演化；(2)确定地层形成年代、划分对比地层；(3)研究地质历史中古地理、古气候的变迁；(4)是大陆漂移理论的重要依据；(5)许多可燃有机矿产、金属矿产、非金属矿产都与生物或生命活动有关。

化石是古生物学的研究对象。化石一词源自拉丁文 fossillis，意为挖掘。由于自然作用在地层中保存下来的地史时期生物的遗体或遗迹统称为化石。化石分为实体化石、模铸化石、遗迹化石和化学化石等不同的保存类型。实体化石指古生物遗体本身几乎全部或部分保存下来的化石；模铸化石就是生物遗体在地层或围岩中留下的印模或模铸物；遗迹化石指保留在岩层中的古生物生活活动的痕迹和遗物（我国白垩纪地层中恐龙蛋化石世界闻名）；古代生物的遗体有的虽被破坏未保存下来，但组成生物的有机成分经分解后形成的各种有机物如氨基酸、脂肪酸等仍可保留在岩层中，这种化石称为化学化石。

在漫长的地质年代里，地球上曾经生活过无数的生物，这些生物死亡后的遗体或是生活时遗留下来的痕迹，许多被当时的泥沙掩埋起来。在随后的岁月中，这些生物遗体中的有机物质分解殆尽，坚硬的部分如外壳、骨骼、枝叶等与周围的沉积物一起经过石化变成了石头，但是它们原来的形态、结构依然保留着。同样，那些生物生活时留下来的痕迹也可以保留下来。古生物形成化石的条件有：(1)须有坚硬部分，如壳、骨、牙或木质组织，在有利条件下，即使是非常脆弱的生物，如昆虫或水母也能够形成化石；(2)生物在死后须立即避免被毁坏，如果生物体被压碎、腐烂或严重风化，就难以形成化石；(3)生物死亡后被快速埋藏，这通常取决于生物生存的环境。

2.2.1　隐生宙的生物

地球上最古老生命的记录（化石）已在南非巴布顿地区和澳大利亚西部的燧石（由 SiO_2 胶体在海洋中沉淀形成的岩石）层中发现，主要是球状和棒状的单细胞细菌状微体化石（图2.4）。同位素测定年龄为 35 亿年，可推论当时地球上的单细胞生物已经出现。原始地球无水和空气，无任何生命物质，35 亿年前，开始出现单细胞生物，进入生物演化阶段。

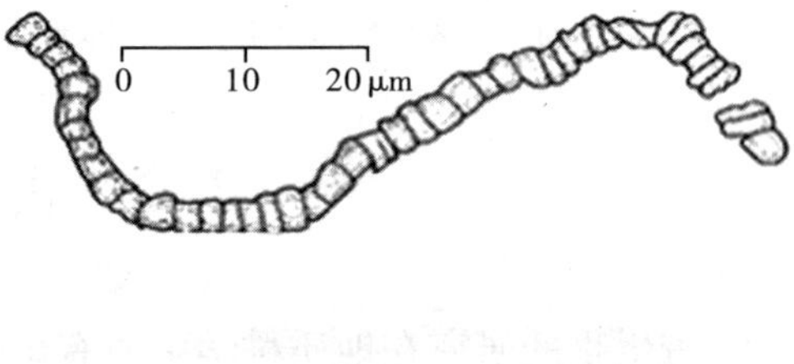

图 2.4　西澳大利亚最古老的原核生物

加拿大苏必利尔湖北岸距今 20 亿年前的燧石层中发现 8 属 12 种菌藻类微生物化石，是该阶段的典型代表生物，属原始单细胞原核生物。藻类的光合作用引起大气游离氧增加，使还原大气圈演变为氧化大气圈。随着大气中氧含量逐渐增加，喜氧生物开始代替厌氧生物的主体地位。由于有氧呼吸，提高了新陈代谢速度，导致细胞核与细胞质分化的真核生物出现，并开始了动、植物分异。蓟县地区发现的距今17.5亿年的真核生物,说明这次飞跃大约发生在距今18亿年前后。

元古宙是真核生物的发展时期,主要是一些微观或宏观的低等藻类,较难形成化石,故很少能见到它们。叠层石是主要能直接观察它们存在的标志,它们是某些藻类活动的遗迹,实习区的刘老碑组、九里桥组、四顶山组等地层中均可见到叠层石(附图9)。

叠层石是原核生物蓝藻等低等微生物在生长和新陈代谢过程中引起周期性矿物沉淀、捕获和胶结沉积物,从而形成的叠层状生物沉积构造。构成叠层石的基本层通常由暗层及亮层组成,藻类生活状况及自然条件的周期变化形成叠层石的原生亮暗层。基本层构成集合体,呈层状、柱状、锥状等不同形态。叠层石主要生长于潮间带。水体可以是正常海水,也可以是咸化或淡化潟湖。叠层石常产出于灰岩和白云岩中。

蓝藻靠光合作用自养。由于光合作用产生大量氧气,地球不再是被火山气体覆盖的星球。叠层石产生的氧使地球适宜孕育更多的高等生命,为生物进化扫清了大气无氧的障碍。

新元古代(10亿~7亿年)是地质历史上叠层石最繁盛的时期,其分布广泛、形态多样。震旦纪冰期以后,气候和地理环境已不适合叠层石生存,后生动物出现后叠层石骤然衰落。淮南地区的叠层石组合形成于新元古代大冰期之前的炎热气候环境,在层位上相当于青白口系上部—震旦系南沱冰碛层之下。现代海相叠层石只分布在澳大利亚、中美洲、中东等地的少数地区的特殊环境中。世界上最古老的层柱状叠层石发现于非洲南部的Bulawayo白云岩中,同位素年龄为28亿年左右。我国最著名的叠层石产地在蓟县国家地质公园。

地球上软躯体动物的首次爆发发生于6.4亿年前后。以澳大利亚南部的埃迪卡拉动物群(Ediacaran Fauna)(图2.5)为代表。Sprigg(1947)在澳大利亚庞德砂岩中首先发现,包含三个门类的动物:腔肠动物、环节动物和节肢动物。一些动物的形态与水母、蠕虫和海绵相似,延续不久就发生集群

图2.5　Ediacaran Fauna 化石

绝灭。它们代表地球上出现较早，但其演化途径并不成功的特殊生物门类。该动物群演化过程中的内因和外因之间的复杂关系，已引起广大地质学家的关注。一个巨大物体冲击地球的可能性是一个有吸引力的假说（许靖华，1986）。

在距今 8 亿年前形成的九里桥组发现的蠕虫类乃是世界上最早的三胚层动物，它们的出现是动物演化史上的里程碑。内脏器官的出现，躯体的分节与对称，运动器官的出现，表明它们可能是现代动物的祖先。

早在 1962 年，郑文武在研究淮南地区震旦系—下寒武统地层时，在淮南群刘老碑组首次发现了宏观化石，后被邢裕盛鉴定为 *Chuaria circularis*（1975）。其后，郑文武等在九里桥组相继发现宏观藻类和蠕形类动物化石，并将其命名为淮南生物群（Huainan Biota）（郑文武，1979）。淮南生物群指在淮南地区新元古界淮南群刘老碑组和九里桥组所产宏观藻类和蠕形类化石的总称（图 2.6）。本区刘老碑组、九里桥组富产的宏观化石有：环节动物 5 属 5 种；须腕动物 2 属 1 种；疑源类 4 属 4 种；褐藻类 2 属 3 种（汪贵翔等，1984）。

刘老碑组宏观藻类化石组合层位多、数量大、属种分异度高，其是一个以简单叶状体占绝对优势而形态类型又高度分异的海生藻类植物群落，并从圆形到香肠形形成一个变化系列，该宏观藻类化石称为 *Chuaria-Tawuia* 组合。

九里桥组蠕形类化石中环节动物以短粗的蚕茧状类型占优势，须腕动物以古线虫 *Paleolina* 居多，是一个环节动物和须腕动物共存并营海底管栖固着和爬行的早期动物群落，该蠕形类化石称为 *Pararenicola-Paleolina* 组合。

淮南生物群遍布于华北陆块东部京津冀与徐淮胶辽吉的广大地区，可与加拿大西北麦肯齐山新元古代小达尔生物群对比，为新元古代大冰期前的一个特有生物群落，地质年代为 850～750 Ma。在重建新元古代 Rodinia 超大陆的构思中，对新元古代宏观藻类、后生动物和微古植物化石以及叠层石组合特征的深入研究应给予足够重视。新元古代古太平洋淮南—小达尔生物地理区系的分布特征，在新元古代 Rodinia 超大陆聚合与裂解的地质背景下，不但对新元古代地层的划分与对比以及生命演化研究都具有重大的理论意义，同时也为重建新元古代 Rodinia 超大陆提供古生物学的直接证据，具有大地构造学上的意义。

2.2.2 早古生代的生物

地球上最初生物的出现距今约35亿年，到新元古代蠕虫类出现经历了27亿年的漫长时间。但在距今5.4亿年的寒武纪初期，短短200万年的时间内，几乎所有无脊椎动物门类都出现了，被称为“寒武纪生命大爆发”。达尔文在《物种起源》中提到了这一事实，并大感迷惑。但同时解释到，寒武纪动物一定是来自前寒武纪动物的祖先，是经过长时间进化过程产生的；寒武纪动物化石出现的“突然性”，是由于地质记录不完全的缘故。

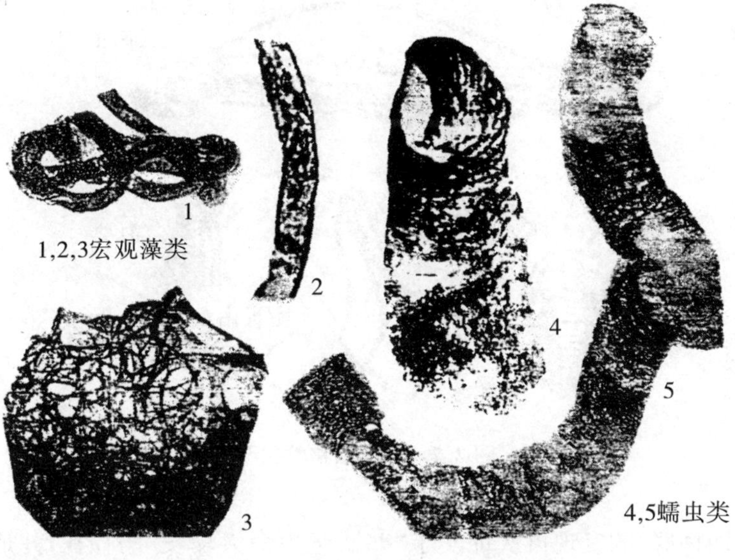

图2.6 淮南地区新元古代生物群

（据钱守荣，2001）

20世纪最惊人的发现之一的我国云南澄江县“澄江动物群”就是这一壮观情景的真实写照，对达尔文渐变式的生物进化论是一个严重挑战。澄江动物群是寒武纪生命大爆发的典型代表，世界上所发现最古老、保存最完整的带壳后生动物群。古生物学家侯先光于1984年在云南澄江县帽天山首先发现。它是一个内容丰富、保存完美，距今约5.7亿年的化石群，包括水母、三叶虫、节肢动物、金臂虫、蠕形、海绵、内肛、环节、腕足动物、软舌螺以及藻类等，由于许多动物软组织保存完好，为研究早期无脊椎动物提供了极好的材料(图 2.7)。

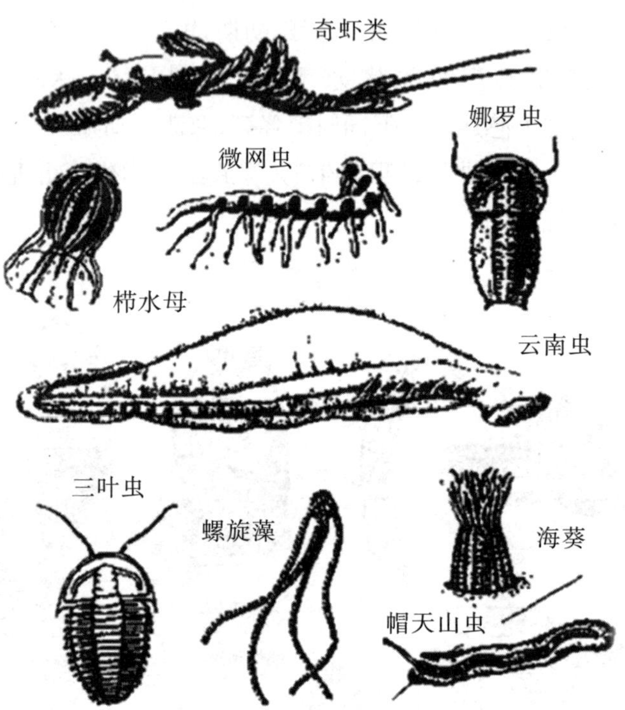

图 2.7　澄江动物群化石

“澄江动物群”的发现再次证实了“寒武纪生命大爆发”的存在，并成为该理论的重要支柱；为生物进化的“间断平衡”理论提供了新的依据；说明生物的进化并非总是渐进的，而是渐进与跃进并存的结果。近 30 年来，陈均远、侯先光和舒德干等古生物学家通过对澄江动物群的不断挖掘和研究，诠释了寒武纪生命大爆发这一重大科学疑难问题，引起了国际学术界的广泛关注。

三叶虫(Trilobite)在动物分类学上，属于节肢动物门的三叶虫纲。是最有代表性的远古动物，寒武纪出现，5 亿～4.3 亿年前发展到高峰，二叠纪完全灭绝，在地球上生存了 3.2 亿年，可见它是一类生命力极强的生物。在漫长的时间长河中，它们演化出繁多的种类，有的长达 70 cm，有的只有 2 mm。背壳纵分为三部分，因此名为三叶虫(图 2.8)。

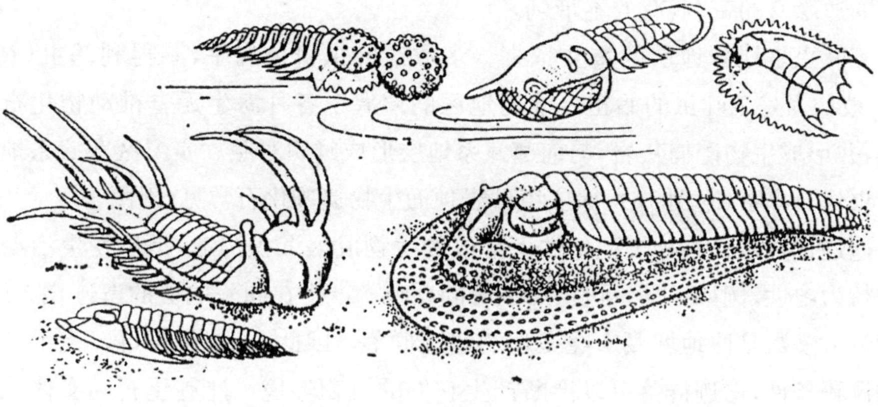

图 2.8　形态不同、生态各异的三叶虫

（据钱守荣，2001）

三叶虫与珊瑚、海百合、腕足动物、头足动物等动物共生。大多适应于浅海底栖爬行或以半游泳生活，还有一些在远洋中游泳或漂浮生活。以原生动物、海绵、腔肠、腕足动物的尸体或以海藻等细小生物为食。

寒武纪为什么三叶虫那么繁盛呢？通过古生态学的研究认为，三叶虫具有很好的适应环境的生存方式。有些种类的三叶虫喜欢游泳，有些种类喜欢在水面上漂浮，有些喜欢在海底爬行，还有些习惯于钻在泥沙中生活。它们占据了不同的生态空间，寒武纪的海洋成了三叶虫的世界。在寒武纪以后的地质时代，三叶虫与其他无脊椎动物共同生存了很长时间，才逐渐衰退。我国三叶虫化石非常丰富，仅在寒武纪早期就发现 200 个属。晚古生代时，三叶虫数量随着门类众多的海相无脊椎动物的大量涌现而减少，二叠纪末期终于绝灭。

三叶虫的主要特征表现在它的背壳构造，其头部中央有一个突起的“头鞍”，头鞍的表面有的光滑无饰，有的瘤斑点缀，还有的具有为数不等的横沟。头鞍两侧，一般有成对的眼睛。沿眼睛的前后有一条沟，称为“面线”。头部腹面的前端有一对分节的触须，既是行动器官，又是感觉器官。触须的后面是摄食的口，口两侧有许多细小而分节的行动器官——附肢，附肢上有细密的纤毛，大概可以起到呼吸的作用。三叶虫的胸部分节，各节之间以覆瓦状关联起来，便于卷曲活动。三叶虫腹面两侧有为数众多的分节附肢。尾部纵向上分为中轴及其两侧的肋叶，形态多样；尾部的边缘有的带刺，有的不带刺。

三叶虫是划分地层的重要依据。多数三叶虫身体扁平，莱得利基虫（*Redlichia*）被认为是三叶虫的始祖。淮南地区的寒武系各种海生无脊椎动物化石非常丰富，并形成生物碎屑灰岩，与前寒武系地层形成鲜明对照。实习区寒武系地层中三叶虫化石丰富（附图16），徐庄组砂岩顶面生物遗迹化石常见（附图18）。

遗迹化石是在某种沉积条件下形成的生物成因沉积构造，是生物生活期间的各种行为习性，例如运动、觅食、居住等的反映。产生在同一地层的遗迹化石组合，它们绝大多数是原地埋藏未经搬运的遗迹群落。因此，遗迹化石可以指示某种特有的沉积条件，遗迹群落可以推断产生它们的沉积环境。遗迹化石同实体化石以及岩石学证据一样，可以提供丰富的地质信息。尤其是在实体化石贫乏或完全缺失的情况下，遗迹化石的作用显得更为重要。

遗迹化石之所以能够用来解释沉积环境，是因为遗迹化石具有以下几个特殊性质。

(1) 原地埋藏。绝大多数遗迹化石从产生到形成化石都是原地保存，不会移动位置，不像许多古生物实体化石在形成过程中可能被搬运而形成异地埋藏。因此，遗迹同沉积环境关系非常密切，能说明造迹生物生活时期的沉积条件及其沉积环境。在有些情况下，地层中生物成因构造非常发育，往往会破坏无机沉积构造，甚至使这些构造变得比较模糊或隐蔽，在这种情况下遗迹化石往往成为解释岩相唯一的根据。

(2) 窄相分布。遗迹化石广泛分布于各种沉积环境，从陆相到滨海、浅海直到深海相。各种岩相内各有其特殊的遗迹化石组合（或称遗迹相）。

(3) 地质分布较长。遗迹化石一般比古生物实体化石的地质分布时间长，因为生物体细致的基本构造往往比生物的行为习性在地质历史进化当中更易于发生变化。这样的事实似乎限制了遗迹化石的生物地层学价值，但却提高了它们对不同时代岩相比较的意义。或者说这是生物学或生态学上所谓的重现群落原理的应用——可称为重现遗迹相，即在不同地史时期，相似的环境条件重复出现时就会重新出现类似的遗迹化石群。

(4) 软体生物的遗迹化石既可以由具硬体的生物造成，也可以由缺乏硬体而只有软体的生物造成。那些只有软体的生物造成的遗迹化石对岩相分析尤其珍贵,因为可以证明这些已经灭绝无化石保存的软体生物的存在,可以增加对原始群落多样性的认识。

(5) 遗迹常见于碎屑岩相。虽然碳酸盐相中也有许多造迹生物,而且钻孔比较发育,但大多数遗迹化石在碎屑岩中易于保存。在成岩过程中,许多砂岩系中实体化石的碳酸钙质壳往往易于被溶解,而遗迹却被保存下来,成为岩相分析的依据。各时代的砂岩系的实体化石往往很贫乏而遗迹化石却很丰富。

解释遗迹化石的生态习性是研究遗迹学最根本的工作,因为只有通过生态习性分析才能使这些生物成因的沉积构造,一方面和造迹生物发生联系,另一方面和沉积环境发生联系。因此,首先要对遗迹化石进行生态习性分类,解释每个遗迹化石的形态功能及其与周围环境的联系。目前应用的遗迹化石习性分类根据赛拉赫的分类划分为 5 个大类。

(1) 停栖迹(Cubichnia)。动物临时栖息于沉积物表面或其中,形成低浅的印痕。生态习性属于表生底栖或游泳活动的动物,运动量减到最低,即处于静止停留状态。停栖迹可以表现造迹动物的侧部和腹部轮廓及其下部构造细节。往往形成单个分开的遗迹。例如由节肢动物形成的皱饰迹、由海星形成的星动迹、由双壳类形成的斧足迹。

(2) 爬行迹(Repichnia)。由动物运动在移动地点所形成的足迹、爬迹或拖迹。生态习性强调动物的运动。这类遗迹常沿平面排列成行或具有方向性。各种活动动物均能形成爬行迹,大多数爬行迹形成于沉积物表面,但也可以在沉积内形成通道。由于爬行迹代表较大的活动量,因此往往表现为连续光滑的直线或弯曲下凹的印痕,遗迹内部往往缺乏各种构造,区别于食泥动物造成的觅食构造,典型代表如克鲁斯迹(Cruziana)、双形迹。

(3) 牧食迹(Pascichia)。由食泥动物沿沉积物表面或靠近表面边移动边剥食沉积物形成的各种沟、坑或花纹构造。生态习性强调食泥动物采掘食物,类似于沿平巷开采矿产。它们的形态特征主要是沿沉积面附近形成各种复杂的蛇曲形、放射形、螺旋形、网格形花纹。

(4) 觅食构造(Fodinichia)。内生食泥动物在沉积物内形成的挖掘潜穴,也可能兼有掩蔽的作用,形成简单的或分枝的柱形"竖井",也可以是与层面垂直或斜交的U形潜穴系统。生态习性强调动物是在地下采掘食物，典型代表如丛藻迹。

(5) 居住迹(Domichia)。动物为了长久居住形成潜穴或管道，多为不大活动或半活动性地下动物造成的简单分枝或U形潜穴，与层面垂直或倾斜相交。潜穴内壁大多经过黏液涂抹，因此可以完整的保存为化石。生态习性强调长久性的居住，典型代表如石针迹(Skolithos)。

另外，还有一类称逃逸构造(Fugichia)。这是一种后来补充的由底栖生物近垂直方向的活动，往往与快速增强沉积作用有关。由于动物垂直运动，构造两侧的沉积层呈雁行形排列或呈漏斗形，或呈相叠复的U形套管形。生态习性强调由于逃避快速沉积覆盖，保持生态上的平衡，动物做垂直运动。

中寒武统徐庄组遗迹化石在华北陆块南部广泛分布。徐庄组为一套以砂、页岩和灰岩为主的碎屑和碳酸盐沉积。组内除了含三叶虫实体化石外，还含有大量的遗迹化石，这些遗迹化石主要产在下部的碎屑岩中，属克鲁斯(Cruziana)遗迹群落。该群落的造迹生物都是底栖生物，造迹生物在海底基质上爬行、游泳、停息，在海底泥、砂内潜穴，形成了相应的遗迹。从摄食方式来看，该群落造迹生物主要为食泥生物。造迹生物为蠕虫、三叶虫或软体动物。

华北南部徐庄组沉积时处于动荡的浅海环境，海水能量时高时低，海水时深时浅，海水中生物极其丰富，保存了大量的三叶虫实体化石和遗迹化石。

2.2.3 晚古生代的生物

石炭纪中、晚期蜓类大量出现并迅速演化，成为主要的分带化石。淮南地区太原组灰岩富含蜓类化石(图2.9)，经鉴定(蔡如华，1989)有11属42种。并建立了2个蜓类组合带，自下而上为分别为 *Quasifusulina-Pseudofusulina* 组合带及 *Schwagerina-Rugosofusulina* 组合带，与西山太原组的蜓类化石带可以对比。

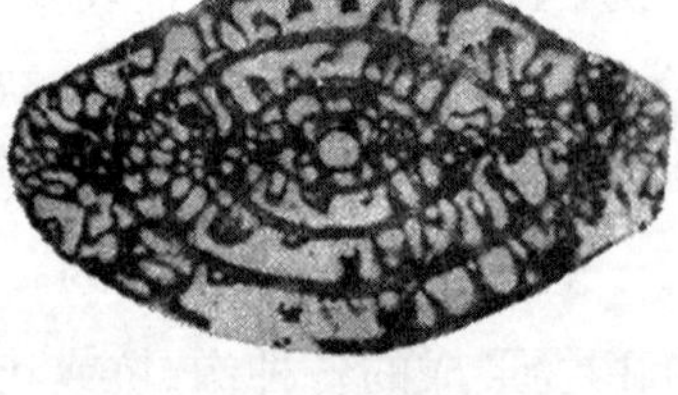

图2.9　太原组蜓类化石

(*Pseudofusulina*，L12×12)

(据蔡如华，1989)

晚古生代是陆生生物大发展的时期，并开始呈现明显的地理分区现象。当时我国大部分地区处于热带植物区，以高大的石松、节蕨和科达类繁荣为特征。其中 *Lepidodendron*(鳞木)高达30～40 m，树干不显年轮，直径可达2 m，反映了典型的热带森林景观环境。淮南地区当时处于海陆过渡区，气候适宜，刚刚登陆不久的植物形成茂密的森林，为石炭纪—二叠纪煤的形成提供了丰厚的物质基础。煤系地层中各种植物化石非常丰富(图2.10)。

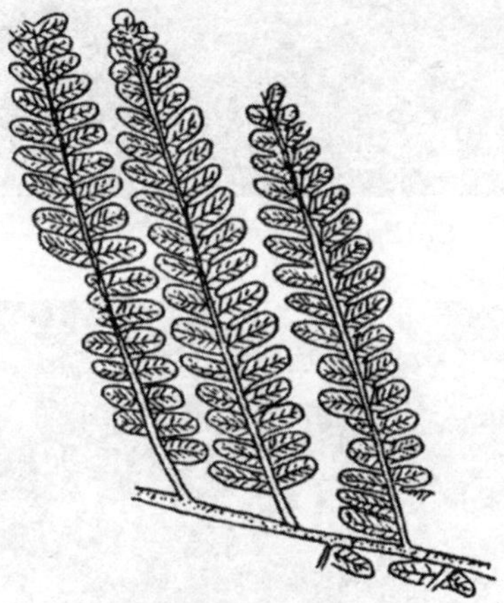

栉羊齿

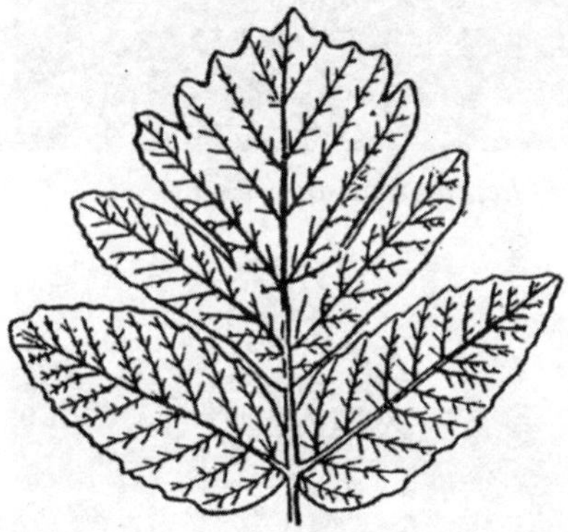

大羽羊齿

脉羊齿

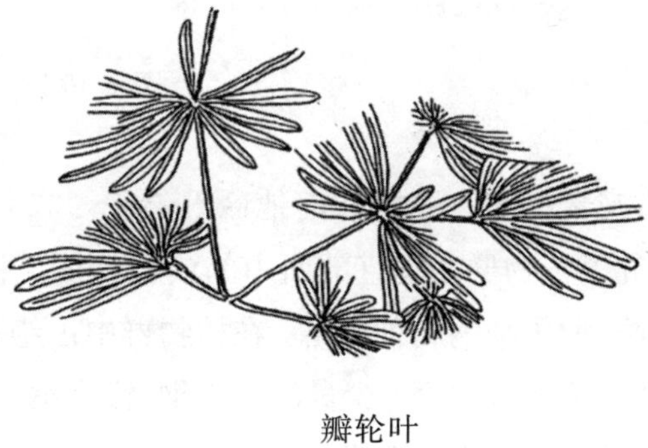

瓣轮叶

图 2.10　淮南地区煤系地层古植物

Lepidodendron（鳞木）

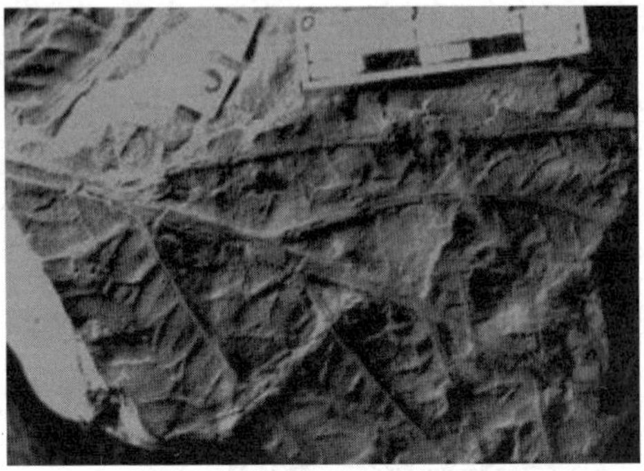

Callipteridium（准美羊齿）

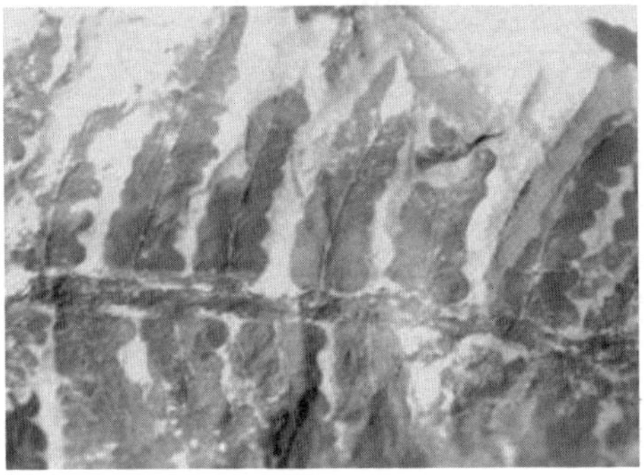

Fascipteris（束羊齿）

Gigantonoclea（单网羊齿）

图 2.10 续

方观希(1989)根据淮南地区石炭纪—二叠纪含煤地层中大量的植物化石资料，研究了植物群在垂直剖面中的演替特征。植物化石经鉴定有 41 属 110 种，其中，真蕨、种子蕨纲属种丰富，在植物群中占绝对优势；其次为楔叶纲、石松纲以及原始裸子植物科达纲，少量的苏铁纲、银杏纲、种子植物及分类位置不明植物。据此划分了 5 个植物组合带，太原组、山西组、下石盒子组各具 1 个组合带，上石盒子组具有 2 个植物化石组合带，分别为：*Lepidodendron-Neuropteris-Tingia* 组合带；*Emplectopteridium-Lobantannularia-Lepidodendron* 组合带；*Gigantonoclea-Lobantannularia-Cathaysiopteris* 组合带；*Gigantonoclea-Psygmophyllum-Lobantannularia* 组合带；*Gigantonoclea-Taeniopteris-Chiropteris* 组合带。

科学家们发现，华北地区石炭系—二叠系所见到的植物化石茎干都没有年轮，意味着它们是四季长青的热带植物，这表明包括淮南地区在内的整个华北地区石炭纪—二叠纪时属于热带气候。古地磁测试数据也表明，当时华北地区的中心部位在赤道附近。现在淮南地区地处北纬 33°附近，就是说，在 3 亿多年的时间里，淮南地区由南向北飘移了 3 000 余公里。

众所周知，我国华北地区大型煤矿比比皆是，秦岭—大别山以南很少见到，这是因为石炭纪—二叠纪时华南、华北不在同一板块，它们各有自己的演化历史。石炭纪—二叠纪时华北为陆地，森林广布，因而含煤地层发育，煤层多，煤质好。华南地区则是一片汪洋，海生生物十分繁盛，沉积物多为海相石灰岩，仅短暂时间出现陆地，所形成的煤系地层煤层少且薄，煤质也差，难以大规模开采。到了中三叠世晚期（约 2.2 亿年）以后，由于印支运动的影响，两板块才碰撞连接在一起，并形成了秦岭与大别山。

2.2.4 淮河象

淮南地区中生界地层不发育，难以领略中生代兴盛一时的恐龙时代的风光。新生代生物演化的突出特征就是哺乳动物和被子植物的大发展。两淮平原下的新生界地层中大量哺乳动物和被子植物化石的发现让人们意识到生物演化进入到了新生代，特别是第四系地层中发现了很多象化石，被称为“淮河古象”。象生活于热带—亚热带的丛林和草原，表明淮河流域在过去 100 多万年来曾经有过热带—亚热带气候，当时这里雨量充沛，森林、草原遍地分布，曾经是各种哺乳动物生存的天堂。

1972 年 12 月在安徽省怀远县茨淮新河治淮工程中，由民工发掘出两具比较完整的“淮河古象”化石，此外还有杨氏水牛和一些鹿角化石。化石均在含结核的砂层中，岩相是一南东—北西向的古河床，化石被钙质结核包裹，形成了良好的保存条件。我国的古菱齿象类过去的发现和研究仅限于一些牙齿和下颌，怀远的化石保存完整。经刘嘉龙教授研究并命名为“淮河古菱齿象”（*Palaeoloxdon huaiheensis* Liu，1978）（图 2.11），现已绝灭。此种象生活在约 20 万年前的更新世晚期，反映了亚热带季风气候环境（和现代印度气候环境相似），而现代的淮河流域已演化为温带气候。

淮河古象的发现，对研究新生代的生物分区具有重要意义。淮河一带处于华南、华北两大生物区系间的过渡生物区，印度和华南的古菱齿象以纳玛象为主，华北和日本的古菱齿象以诺曼象为主，淮河古菱齿象特征介于二者之间，其地层层位为上更新统下部。

1975年在潘集一矿井筒施工中发现了哺乳类化石，其中剑齿象化石标本较完整，产于井筒83 m深处。陈萍(1995)将其命名为潘集剑齿象(*Stegodon panjiensis*)。在性状分析基础上提出，潘集剑齿象在淮河流域过渡区形成后，一支向东南迁移形成华南的东方剑齿象和东南亚的"侏儒型"剑齿象，一支向西南迁移形成印度及非洲的类象剑齿象。

1998年在淮南大居山老洞西侧发现的西裂隙哺乳动物群化石有4个种：狍后麂、山西轴鹿、布氏真枝角鹿和半牛未定种，全部为绝灭种。它们所指示的地质年代为早更新世早期(约180万年前)；所显示的动物群面貌为带有北方色彩的南、北方过渡带特色；所反映的生态环境为温带森林景观，山谷间有少量密林，山脚下有局部草地。反刍类中山西轴鹿的标本数量最多，说明这个种是大居山西裂隙动物群中的优势种群。西裂隙动物群中的反刍类化石的另一个特点是未成年个体占有较大的比例，与河流冲击扇沉积中的动物年龄结构有很大的差别，也许指示大居山西裂隙是食肉动物存储和食用它们猎物的场所，也可能是一个天然陷阱。这些未成年个体不善于躲避敌害，最终葬身于食肉动物之口或天然陷阱。

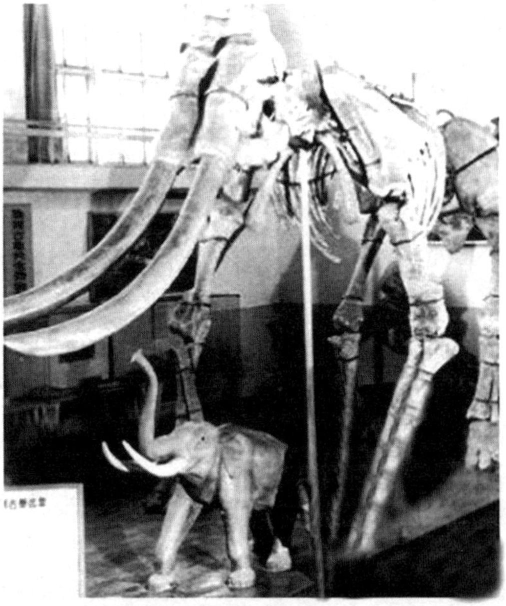

图2.11　淮河古菱齿象

(摄于安徽省博物馆)

如今的两淮平原到处是人类活动的踪迹，森林、草原消失了，淮河古象也早已不知去向。人类现在占据了大部分的生存空间，野生动植物的分布范围愈来愈狭小，这也许是历史发展的必然结果。但是由于过度开发，环境恶化，地球上每年有近千种的生物正在消失，这种灭绝速度超过了地质历史中任何一次生物大灭绝。生态系统的破坏导致地质灾害频频发生，已殃及人类本身。如此发展下去，后果将是灾难性的。保护环境，维护生物多样性，保持生态平衡，实际上就是保护人类自己。

2.3 地质构造

2.3.1 构造旋回和构造层

从沉积—成岩—地层发生强烈构造运动—剥蚀夷平—覆盖新的地层，包括其间发生的岩浆、变质、成矿等各种地质作用的全过程，称为一个构造旋回。不同构造旋回具有不同的特点，从而显示出地壳发展过程的阶段性。

多旋回螺旋式发展是地壳构造的普遍规律。在不同的大地构造环境中，其表现形式和发育程度也不同。构造层是构造旋回的地质记录，它反映了构造旋回所影响的时间和空间的整体。

淮南地区自新太古代以来，可划分为蚌埠、凤阳、霍邱、加里东、海西—印支、燕山、喜马拉雅 7 个构造旋回。

蚌埠旋回为新太古代构造旋回，主褶皱幕称蚌埠运动，表现为上覆地层不整合在霍邱群地层之上。

凤阳旋回是古元古代的构造旋回，时限在 25 亿～19 亿年，主褶皱幕称凤阳运动，表现为曹店组地层角度不整合于下伏地层之上，其间缺失中元古界。

霍邱旋回是皖北地区华北陆块发展阶段的第一个构造旋回，时限为青白口纪至震旦纪。主褶皱幕称霍邱运动，表现为猴家山组、凤台组地层与四顶山组之间的不整合，并缺失上震旦统沉积。旋回的碎屑—碳酸盐沉积呈现规律性交替，并有基性岩浆活动。

加里东旋回时限为早寒武世—志留纪末。主褶皱幕为加里东运动，表现为贾汪组假整合于寒武系土坝组之上，贾汪组底部有厚 20～30 cm 的角砾岩，角砾成分为下伏地层的燧石和白云岩，由粉红色泥质和白云质胶结；华北陆块自中奥陶世晚期开始大面积隆起，致使该区缺失中奥陶世晚期—志留纪的沉积。

海西—印支旋回时限为泥盆纪—三叠纪末，主褶皱幕为印支运动。淮南地区继续处于隆升状态，泥盆系和下石炭统地层缺失；印支运动是该旋回中最强烈的构造运动，使盖层发生褶皱，开始了大陆边缘活动带新阶段。具有构造发展史上“承前启后，继往开来”的划时代意义。

燕山旋回时限为早侏罗世—晚白垩世早期，主褶皱幕为燕山运动。以断块运动为主，兼有褶皱和岩浆活动的多样性。北北东向为主的燕山旋回新生断裂活动与东西向断裂再活动相结合形成断块运动，并由此控制着各种拗陷的形成和发展。

喜马拉雅旋回继承了燕山运动的某些特征，但不均衡的升降和断裂运动相结合的新形式逐渐居主导地位，使得古近纪早期盆地发生有规律的收缩，江淮平原相出现，其他地区相对上升，尤以大别和皖南两大山区上升强烈，并塑造了近代地貌。尤其是开创了人类活动的新纪元，具有特殊的地史意义。

多旋回的构造活动必然产生多旋回的构造层，实习区构造层自下而上划分为蚌埠构造层、凤阳构造层、后凤阳盖层和活动大陆边缘构造层。

蚌埠构造层包括上太古界霍邱群。主要为一套低角闪岩相的变质岩，是在中压或中低压环境下区域变质作用的产物，同时伴有混合岩化作用。霍邱群中沉积变质铁矿属条带状硅质建造，矿质主要来源于海底富铁火山岩的海解析离作用。

凤阳构造层包括古元古界凤阳群，与蚌埠构造层不整合接触。主要是低绿片岩相的区域变质岩，原岩为滨、浅海相陆源碎屑岩及富镁碳酸盐岩，沉积变质磷矿是构造层中的重要矿产。

实习区陆块的基底包括蚌埠构造层和凤阳构造层的双层结构。其上为后凤阳盖层，包括青白口系—下三叠统，总厚 4 537 m。是一个浅海—滨海—海陆交互—陆相的巨型海退沉积旋回。后凤阳盖层构造层进一步划分为下、中、上 3 个构造层。下构造层（霍邱构造层）包括青白口系和震旦系，厚 1 883 m。由 4 个海侵沉积旋回组成，属于陆屑石英砂岩建造—造礁碳酸盐建造组合，沉积相和建造的交替，说明当时陆壳的周期性振荡运动较显著，构造背景属稳定到次稳定的过渡环境，产赤铁矿、褐铁矿、大理岩等。中构造层（加里东构造层）包括寒武系和奥陶系，厚度超过 1 236 m。形成于碳酸盐台地，属于蒸发式—异地碳酸盐建造组合，表明陆壳处于稳定状态，产磷、石膏矿。上构造层（海西—印支构造层）包括石炭系、二叠系和三叠系，厚 1 418 m。该构造层由海陆交互相和陆相碎屑岩组成，属陆屑式建造组合，是陆壳长期稳定隆起或大陆准平原化过程中的产物，产煤及耐火黏土、菱铁矿、赤铁矿等。

大陆边缘活动带构造层由侏罗系—第四系构成，与下伏构造层不整合接触，自下而上可分为燕山、喜马拉雅 2 个构造层。

燕山构造层由侏罗系—上白垩统下部组成，厚 6 023～10 183 m，与下伏层不整合接触。总体上是河湖相陆屑建造—大陆火山岩建造组合。构造层含多种矿产，如煤、火山沉积型铁矿、黄铁矿、石膏、珍珠岩、膨润土和化学沉积型石膏，但工业意义都不大。

喜马拉雅构造层由上白垩统上部—第四系构成，厚 3 934～10 710 m，与燕山构造层呈角度不整合接触。可分为 3 个亚构造层：下亚构造层由上白垩统上部—始新统组成，主要为湖泊相陆屑建造，形成石盐、芒硝等矿产；中亚构造层由上第三系组成，主要为河流—湖泊相造，局部形成含油建造，还有凹凸棒石黏土矿和碱性橄榄玄武岩建造。上亚构造层由第四系组成，是一套河流相和冰川系列未固结到半固结沉积物。沿江一带产机械沉积型小型铁矿；大别山南东麓含金红石；长江冲积平原及江淮丘陵全新世地层中夹泥炭层。

2.3.2 褶皱构造

淮南煤田的主要构造格架为近东西向的“对冲式断褶构造带”，可分为 3 个次级构造带：南部“八公山—舜耕山构造带”为由南向北逆冲的推覆构造带；北部“明龙山—上窑构造带”是位于煤田北缘由北向南逆冲的推覆构造带；中间“淮南复向斜带”构成了煤田的主体。淮南对冲式断褶构造带是印支期华北板块与扬子板块碰撞造山的产物。淮南煤田发育在淮南复向斜带中，南北向的强烈挤压、对冲使得位于其中的含煤地层遭受错断、牵引而弯曲，直至倒转，严格控制着煤田的构造格架和几何学形态。

淮南复向斜主体构造形迹呈东西向展布。其几何配置和组合形式显示了由南向北的推挤作用，并构成两翼对冲推覆构造格局。南翼的舜耕山断层、阜凤断层组成了舜耕山、八公山、口孜集由南向北的推覆体，北翼的上窑—明龙山—尚塘断层组成了上窑、明龙山由北向南的推覆体。推覆体构成叠瓦扇，南翼断夹块内，地层倾角陡立倒转，褶皱发育。这一纬向构造带经过燕山运动的改造，形成了现在的构造轮廓。复向斜内部倾角平缓，一般 10°～20°，为一系列宽缓褶皱，由南向北有谢桥—古沟向斜、陈桥—潘集背斜，尚塘—耿村集向斜和朱集—唐集背斜，其中陈桥—潘集背斜隆起幅度最大，是复向斜内的主要构造(图 2.12)。

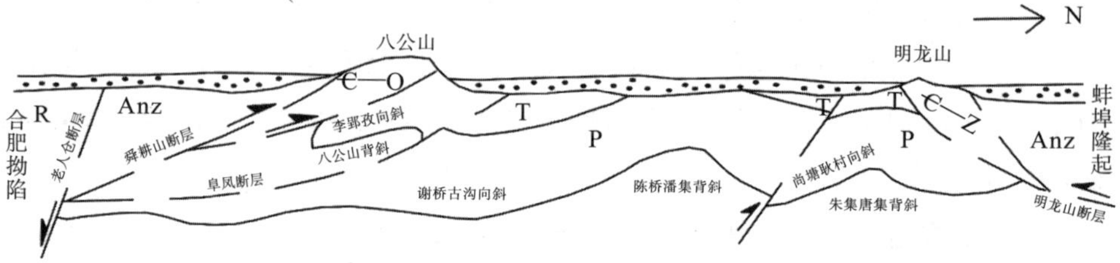

图 2.12 淮南煤田对冲构造示意图

(据宋传中等，2005)

唐集—朱集背斜 走向北西西—南东东，倾角平缓，向两端倾伏，北翼受向北倾的上窑—明龙山—尚塘集逆断层切割，使煤系埋藏于古老地层之下，东西两端见第三系红色砂砾岩不整合于煤系之上。

尚塘—耿村集向斜 为一宽缓向斜，其西段南北两翼分别被杨村集—朱集和上窑—明龙山—尚塘集逆断层切割，向斜内分布有中生界红层。

陈桥—潘集背斜 呈 S 形展布。地层走向在口孜集—谢桥一带近东西向，到顾桥区经扭曲转为北东至南北向，至丁集以东又转为北西西向。北翼地层倾角约 25°，局部达 45°～75°。南翼地层倾角 5°～15°，沿走向向东西两端倾伏，轴部为寒武系或奥陶系地层。

谢桥—古沟向斜 走向近东西，两翼不对称，北翼地层倾角 5°～15°，与陈桥—潘集背斜南翼衔接。南翼倾角 20°至直立。

八公山弧形单斜 走向为东西—北西—东西。在蔡家岗呈向南凸出弧形。东段倾角 10°～20°；西段 50°～70°；深部倒转，为谢桥—古沟向斜南翼向东延展部分。在唐家山一带为一向东倾伏的背斜构造。

舜耕山倒转单斜 受舜耕山逆断层影响，上盘地层倒转，倾向南，倾角为 70°。仅九龙岗—洞山以西上盘保留煤系。东西两端老地层推覆于煤系之上。

2.3.3 断裂构造

淮南煤田内断裂大致可分为3组，以东西向和北北东向2组断裂为主，北西向断裂次之。东西向断裂大致平行褶皱轴，以压性和压扭性的走向逆断层为主，主要产生在复向斜两翼或次一级背斜翼部，延伸远，断距大，在剖面上构成叠瓦状构造。北北东向断裂走向一般在北东15°～32°之间。切割东西向构造，为张性或张扭性正断层，断距大者达数百米。大致与郯庐断裂平行，多数向西倾，地层自东向西呈阶梯状下降。主要断层有上窑—明龙山逆断层、阜凤逆断层、舜耕山逆断层（图2.13）、山王集断层等。

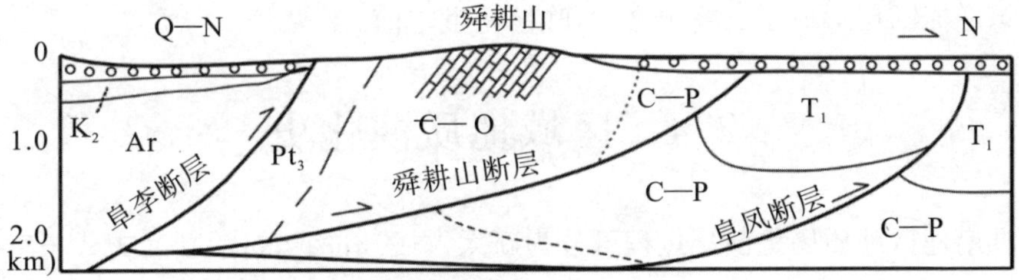

图2.13 舜耕山断层示意图

（据宋任中等，2005）

明龙山—上窑断裂仅在明龙山—上窑一带有明显出露，主要特征表现为北西西向延伸，长约60 km，呈一西窄东宽的长条状地带，发育在青白口系和早古生界地层中，夹有石炭系—二叠系的岩片，由一系列向北倾斜的高角度叠瓦状逆冲断层组成，显示出由北东向南西方向的逆冲；断层面上陡下缓，浅部倾角在70°左右，向深部断层面的倾角变缓，若干断层收敛在一个主断裂面上；构造岩以脆性变形为主，伴有紧密的褶皱带、褶劈理、破劈理、构造透镜体、角砾岩等，呈现挤压状态下的构造特征；断层的下盘（南侧）为淮南复向斜的北翼，为一套低角度的寒武系—下三叠统地层，构造简单。

阜凤断裂是一条隐伏断层，在刘庄、新集、二道河等地有钻孔控制。该断裂总体走向为东西向，在不同地区分别切割太古界、震旦系、寒武系、奥陶系、石炭系、二叠系等不同地层。其主滑脱面向南倾斜，起伏不平，顺层推覆。构造岩以脆性为主，主要有构造角砾岩、构造透镜体、碎裂岩等。

舜耕山逆掩断层西延入豫，东经阜阳、八公山南麓、舜耕山北麓至定远县炉桥，长约 300 km。断层面向南倾斜，地表倾角为 60°～70°，深部变缓为 20°～30°。断距自西向东增大，最大达千米以上。

钻孔证实，阜阳口孜集—八公山一线，南侧霍邱群逆于北侧震旦系及古生界之上，断层面南倾；寿县珍珠泉附近见霍邱群推覆在震旦系及古生界之上，岩石挤压破碎，糜棱岩化及揉皱发育，破碎带宽 200 m；该断层在从望峰岗—洞山一带长 10 km的范围内可连续追踪；淮南罗山，南侧地层向北推覆，形成飞来峰构造；舜耕山北麓出露宽度 1～20 m 的构造破碎带，断层面南倾，倾角浅陡深缓，呈犁式断层的形态，显示出近南北向挤压的结果。

该逆掩断层形成于三叠纪之后，晚白垩世之前。

2.4　区域地质演化史

淮南地区地质历史演化过程可分为新太古代—古元古代、新元古代—三叠纪、侏罗纪—第四纪 3 个阶段，先后经历了蚌埠、凤阳、霍邱、加里东、海西—印支、燕山、喜马拉雅构造旋回。

第一阶段　新太古代—古元古代淮南地区地壳处于活动阶段。

新太古代为活动大陆边缘发育时期，新太古代末的蚌埠运动(25 亿年)使该区普遍发生褶皱隆起，原先的洋壳均转化为陆壳，构成大陆的结晶基底，原岩遭受中深程度的区域变质作用和混合岩化作用，原始复向斜初步形成。

古元古代的凤阳运动(19 亿年)以后皖北地区结束了活动大陆边缘的发展历史，基底固结，隆起成陆，形成华北陆块的一部分，地壳趋向相对稳定；中元古代(19 亿～10 亿年)本区处于隆起剥蚀状态，缺失沉积。

第二阶段　新元古代—三叠纪淮南地区处于稳定到次稳定的盖层形成阶段。

新元古代早期青白口纪(10 亿～8 亿年)淮南地区逐渐准平原化，导致海水入侵，形成黄淮海水域。依次沉积了海岸环境的曹店组、海滩相的伍山组和弧后盆地环境的刘老碑组地层，形成碳酸盐质陆棚相地层为主的第一个盖层沉积。

新元古代震旦纪(8 亿～5.4 亿年)，覆盖在沉降区的陆表海即黄淮海水域稳定地继承着青白口纪的海域，区内依次接受了滨海潮间带四十里长山组含海绿石钙质石英砂岩沉积，浅海相风暴沉积的九里桥组粉砂质灰岩和泥灰岩。之后淮南地区在相当长的时间内是一个海湾环境，水体循环条件不佳，海水咸化程度高，沉积了厚层富产叠层石、含燧石结核的四顶山组白云岩。震旦纪末期的霍邱运动，使本区一度隆起，海水退出，上升成陆。经短暂剥蚀后，早寒武世基本上继承了震旦纪的古地理轮廓。

寒武纪开始(5.4 亿年)，在淮南—霍邱一带存在一个向西开口的半闭塞海盆，陡峭的海崖受到冲击崩塌堆积成粉红色白云质凤台组砾岩。随后，淮南地区总体下沉，来自东北方向的黄淮海水域广泛入侵，范围扩大，在淮南地区陆块边缘陡岸旁侧的凹槽内，沉积了猴家山组底部磷块岩等矿产的华北型磷矿。早寒武世晚期—中寒武世，海水加深，淮南地区成为碳酸盐开阔台地相，沉积了馒头组、毛庄组、徐庄组和张夏组一套紫色页岩、碳酸盐岩、土黄色砂岩等沉积。晚寒武世(5 亿年)蚌埠隆起上升成陆，造成淮南、淮北在沉积环境上的差异，淮南一带成为碳酸岩开阔台地和白云岩蒸发台地，沉积了崮山组、土坝组以竹叶状灰岩和硅质白云岩为代表的碳酸岩地层。

奥陶纪开始，黄淮海水域受加里东运动影响，绝大部分地区上升成陆，缺失早奥陶世早期沉积。至早奥陶世中晚期，黄淮海水漫侵，在淮南地区沉积了贾汪组钙质页岩、泥质白云岩及马家沟组厚层灰岩夹白云岩和角砾状白云岩的岩石组合。直至中奥陶世晚期，经加里东运动(4.7 亿～3.2 亿年)，黄淮海水域经历海退，本区上升成为陆地，长期遭受剥蚀(1.5 亿年)，致使淮南地区缺失晚奥陶世、志留纪、泥盆纪及早石炭世的地层沉积。

晚石炭世(3.2 亿年)，海西运动使淮南地区大面积沉降引起了又一次特大海侵，黄淮海地区前缘绕过蚌埠隆起，范围扩大到淮南，沉积环境以海陆交互相的海侵沼泽相沉积为特征，淮南、宿州成为两个滨海沼泽的沉积中心，沉积了上石炭统本溪组和太原组的生物碎屑灰岩、砂岩、页岩和煤为主的厚 120～200 m 的海侵沼泽相含煤地层。

二叠纪开始(3 亿年)，淮南地区基本上继承了晚石炭世晚期的沉积范围，以海漫沼泽相(湖沼盆地)沉积为主，其间因被蚌埠隆起分隔，故淮南、淮北沉积环境有所差异。淮南地区当时地势较为平坦，气候温暖、潮湿，适宜大量植物生长，时而有海水侵入，带来大量泥沙将其覆盖，沉积环境比较闭塞，易形成泥炭堆积，成煤条件极为有利。该区沉积了厚达 620～860 m 的山西组、下石盒子组和上石盒子组一套以砂岩、粉砂者、泥岩和煤层为主的二叠系含煤地层。晚二叠世晚期(2.6 亿年)以石千峰组河湖相紫红色砂泥质沉积为主，并含杂色地层和石膏，表明气候干燥、炎热，不利于煤层沉积。

早三叠世早期(2.5 亿年)基本继承了晚二叠世的沉积范围和地理格局，形成以湖泊相为主的红色碎屑岩系。晚三叠世(2.2 亿年)受印支运动影响，华北和华南大陆拼接，本区被抬高，同时产生褶皱运动，揭开了本区大陆边缘活动带发展史的序幕。

第三阶段　中、新生代侏罗纪—第四纪，属于大陆边缘活动带构造层形成阶段。

前期为侏罗纪—晚白垩世早期，本区进入以地壳块断运动为特色的大陆边缘活动带发展阶段，在山间或山间沉陷地带形成了大小不等的内陆拗陷，沉积了红色陆相碎屑岩为主的地层。其间经历了燕山运动，本区出现深断裂和火山及岩浆活动。后期为晚白垩世晚期—古近纪末(2 300 万年)，发生早、中喜马拉雅运动，使全区全面抬升而处于剥蚀状态，地壳呈准平原化，两淮平原形成。

第四纪初(260 万年)发生晚期喜马拉雅运动，本区地块以上升为主，更新世出现 2 次冰期形成冰缘堆积。这时淮河流域湖泊范围已大大缩小或解体。淮河各大支流基本形成。经历中、新生代的演化，逐渐塑造出近代的地质构造和地貌特征，至全新世两淮冲积平原自然状态已与现在趋同。

第3章　地质作用

地质作用就是形成和改变地球的物质组成、外部形态与内部构造的各种自然作用。分为内力地质作用和外力地质作用。前者主要以地球内热为能量并主要发生在固体地球内部，包括构造运动、岩浆活动、地震作用、变质作用、地球各圈层的相互作用；后者主要以太阳能及日月引力能并通过大气、水、生物因素引起，包括地质体的风化作用、重力滑动作用以及各种地壳表层载体（河流、冰川、地下水、海洋、湖泊、风）的剥蚀、搬运、沉积、成岩作用。内力地质作用和外力地质作用都同时受到重力和地球自转力的影响。正是地质作用不断地作用于地球并改变其面貌，地球才表现出巨大的活力。

板块运动被认为是使地壳表层发生位置移动，出现断裂、褶皱以及引起地震、岩浆活动和岩石变质等地质作用的总原因。内力地质作用改变着地壳的构造，同时也为地貌的形成打下基础。

来自太阳的热能，是引起大气和水不断运动的主因，同时给生物的繁殖以能量，并直接对岩石圈施加影响。这一切活动的结果，使地表的凸出部分受到风化、侵蚀等作用的破坏，破坏的产物在低凹的部位沉积起来形成新的岩石。地质作用强烈地影响着气候以及水资源与土壤的分布，创造出了适于人类生存的环境。这种良好环境的出现，是地球大气圈、水圈和岩石圈演化到一定阶段的产物。

地质作用也会给人带来危害，如地震、火山、洪水、块体运动等。人类无力改变地质作用的规律，但可以认识和运用这些规律，使之向有利于人的方向发展，防患于未然。如预报预防地质灾害的发生，就有可能减轻损失。

内、外力地质作用互有联系，但发展趋势相反。内力地质作用使地球内部和地壳的组成和结构复杂化，造成地表的高低起伏；外力地质作用使地壳原有的组成和构造改变，夷平地表的起伏，向单一化发展。内力地质作用控制着外力作用的过程和发展。

3.1 地壳运动及其产物

岩层在构造作用下会发生变形，形成断层或褶曲，原来水平的岩层产状会出现不同的变化。小的构造现象能够在野外直接观察，但区域的、大范围的构造的观察比较困难。结合实习区情况，野外可以从以下两种情况进行观察：(1) 熟悉地层，利用地层的重复、缺失、走向上是否连续进行判断；(2) 根据地层产状的变化及矿井分布的变化进行分析。例如舜耕山岩层走向近东西，岩层倒转或直立，而八公山岩层走向北西—南东，倾角一般只有 30°，更无倒转，两者表现出很大差异。显然两者之间岩层发生变形(图 3.1)。煤矿矿井的分布与煤系地层的走向有关，例如舜耕山北九龙岗、大通、洞山等矿井东西向，八公山麓李郢孜、谢家集、新庄孜、孔集等北西—南东向，淮北平原上的潘集诸矿井又是东西向分布。了解这些有助于认识实习区的构造特征。

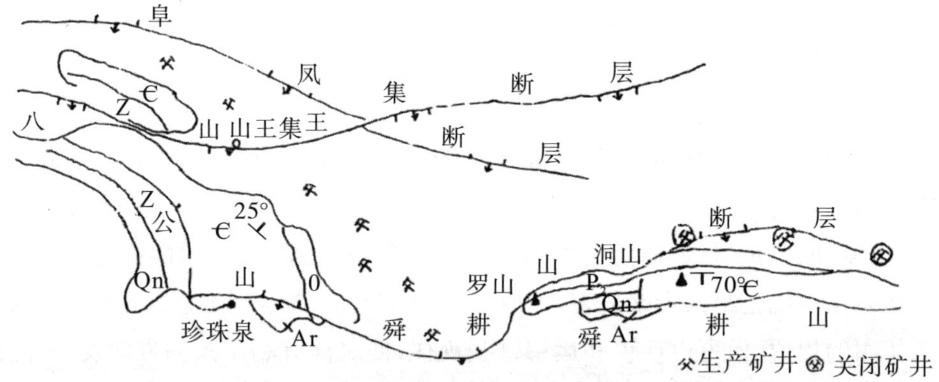

图 3.1 舜耕山、八公山地层产状和煤矿分布示意图

(据钱守荣，2001)

3.1.1 块体运动上窑山

上窑山位于淮南市的东部边缘，与南部的舜耕山和西部的八公山无构造上的直接联系，但也同样是外来块体，只不过非地壳运动所致，而是重力滑覆，即块体运动作用的结果。

上窑山主体由新元古界和下寒武统岩层组成，形成一北西西轴向的宽缓向斜。西南边缘有残缺不全的寒武系及煤系地层，受强烈挤压而破碎或揉皱变形。深部为一勺状断层，主断面倾向南偏西。整个上窑山体处于断层上盘(图 3.2)。

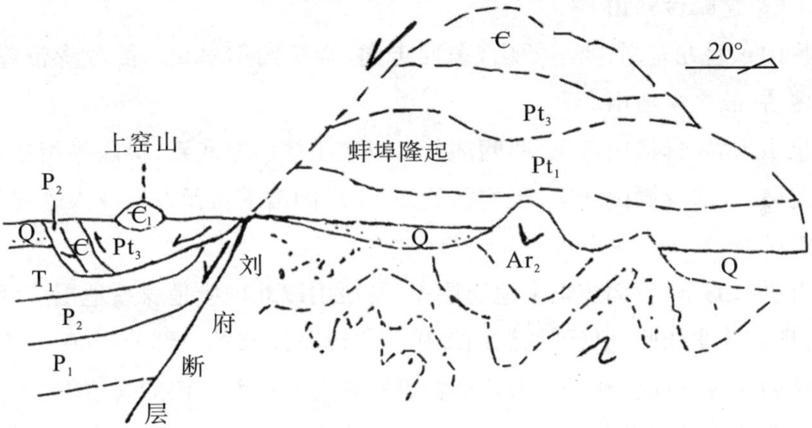

图 3.2　上窑重力滑覆复原示意图

(据钱守荣，2001)

按断层面倾向，上窑山应来自北北东方向，但现在看到上窑山以北是一望无际的平原，它究竟是从哪里来的？

上窑山以北的构造单元称蚌埠隆起，与舜耕山—阜凤逆掩断层同形成于印支运动，由地壳强烈上升、隆起而形成。现在蚌埠附近仍能发现它的踪迹，山上出露上太古界五河群和古元古界凤阳群，皆为片麻岩、片岩之类的变质岩。其上的新元古界、下古生界和煤系地层均遭剥蚀。中生代时，上窑地区虽然地势也较高，但相对于蚌埠隆起，仍有 2 000 m 以上的落差，岩层在重力作用下便向南发生块体滑移。但由于后期的构造活动和侵蚀作用，原来高山被侵蚀殆尽或隐于新生界之下，而上窑山有幸得以保存直至今天，实际上它是北部蚌埠隆起的一部分。

重力断层特征是其后部表现为正断层性质，当滑体至地面处受地面阻挡和反作用，其前部又表现出向上逆冲的特征，并刮带下伏岩层形成前缘逆冲叠片。这些特征常使人将重力断层误认为逆冲断层，将冲叠片的出露认为是“构造窗”。上窑山块体前缘二叠系含煤地层并非“逆冲断层下盘”，否则上窑山应具备建立大型矿井的资源条件。钻探资料证明，上窑地区下盘煤系地层中可采煤层位于地下1 000 m以下，开采技术条件要求高，目前还难以达到。

3.1.2 飞来之峰舜耕山

舜耕山东起九龙岗，西至罗山，东西走向，全长约18 km。传说舜帝曾在此山下教民习耕，故名舜耕山。

以泉山为界，舜耕山分东、西两部分。以东山体由寒武系、奥陶系组成，其北侧曾有九龙岗、大通及洞山煤矿(现均已关闭)。西侧出露新元古界及太古界地层，北侧并无煤矿。

值得思考的是，东部按正常地层层序，舜耕山以北理应是煤系地层广泛分布的地区，可现在并非如此。见到的洞山煤矿仅是煤系地层的一部分，200 m以下却是产状平缓的三叠系红色砂岩。为什么？答案就在对西部罗山的观察中。

罗山北坡山脚下见上二叠统石千峰组红色砂岩。拾级而上，山坡上却是新元古界震旦系四顶山组直接与之接触，按正常地层层序，其间缺失含煤的石炭系—二叠系、奥陶系及寒武系，应视为断层存在。

在罗山南山余家村后小山岗青白口系八公山组砂岩上沿走向向西望去，舜耕山消失了，西边李郢孜却是大小煤矿林立。该地区出露的正是罗山缺失的奥陶系及煤系地层。站在奥陶系灰岩上向东望去，舜耕山犹如一个“飞来峰”座落在煤系地层之上。罗山南侧的钻探证实在太古界片麻岩下存在煤系地层。

种种迹象表明，该断层为一逆掩断层，称舜耕山逆断层(如图3.3)。舜耕山位于断层上盘，是一个由南向北外来的推覆块体。它由两个不同的块体组成，泉山以东为寒武系、奥陶系，包括部分石炭系、二叠系，故建立了煤矿。但由于断层所限，煤储量小。以西为太古界和新元古界，但罗山以西断层上盘被侵蚀殆尽，下盘煤系地层出露，形成煤矿区。据测算，在罗山一带舜耕山山体由南向北的推覆距离应在5 000 m以上。

在李郢孜赖山可见硅质胶结的马家沟组灰岩角砾，它也是舜耕山断层存在的标志。

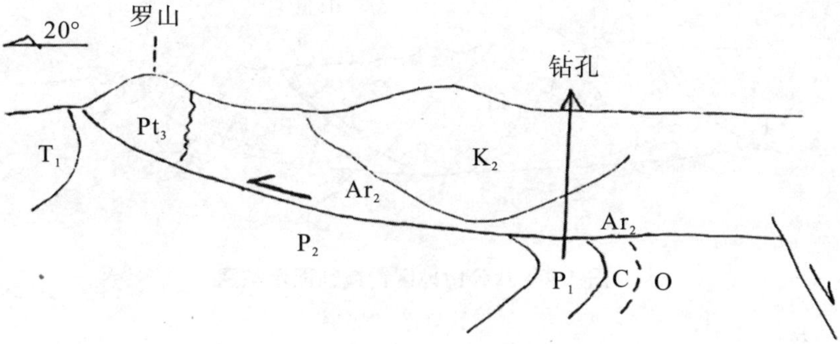

图 3.3　舜耕山逆掩断层示意图

(据钱守荣,2001)

3.1.3　亦逆亦正八公山

八公山内自东南向西北,出露太古界、新元古界、寒武系、奥陶系,地层特征与舜耕山地区相同,但岩层产状有很大差别,它们是什么关系?在寿县八公山南侧珍珠泉附近见有断层,东西走向,断层南上盘为太古界片麻岩,北为下盘寒武系。此为舜耕山逆掩断层西延,表明八公山和舜耕山的山体分属舜耕山逆掩断层的下盘和上盘。在野外,泉也常常是判断断层存在的标志之一。

一个有趣的现象是八公山和舜耕山的地理分布组成一个犹如正在飞翔的大雁。无独有偶,与舜耕山一样,八公山亦是"飞"来的外来无根块体。所不同的是,山王集南的八公山体还因正断层的原因再次位移才到现在的位置。

站在老鹰山向北望去,八公山东北麓北西向分布的矿井在淮河以北不再出现,而八公山的山体也在淮河边消失。经钻探和物探证实:八公山下 2 000 m 深处存在一逆掩断层,断面向北抬起,于淮河北侧出露于 100 m 之下新生界松散层下的基岩中,这就是八公山消失的原因。断层走向近东西,与淮河的流向大致相同,此断层称阜凤断层。八公山体处于其上盘,向北推覆(图 3.4)。断层在深部与舜耕山逆断层汇合,形成叠瓦状推覆构造。实际上八公山和舜耕山也是同一巨大推覆构造中的不同块体。

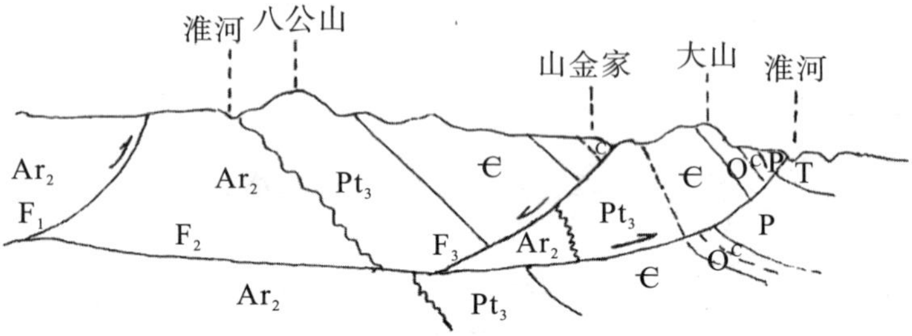

图 3.4　八公山地区构造剖面示意图

（据钱守荣，2001）

F_1：舜耕山断层；F_2：阜凤断层；F_3：山王集断层

在朱家洼看了徐庄组砂岩层面构造，向北、向西望去，一片东西向开阔的谷地将八公山分成两部分。在朱家洼东北约 1.5 km 的山王镇附近黄豆山公路剖面，砂岩层面波痕、虫迹发育，显然是徐庄组再现，地层发生了重复，山金家煤系地层也与孔集附近煤系重复。地层重复是判定断层的重要标志之一，徐庄组重复的原因是山王集正断层的存在。断层西从山金家沿山间谷地向东经山王集与阜凤断层相交（图 3.1），断面南倾（图 3.5），南面八公山主体部分为上盘，在下降过程中南移，断层水平断距约 2 000 m。

早期，八公山受逆掩断层影响向北推覆，后期受正断层作用，山金家—山王集以南山体向南滑移。一逆一正，形成今天的八公山山体态势。

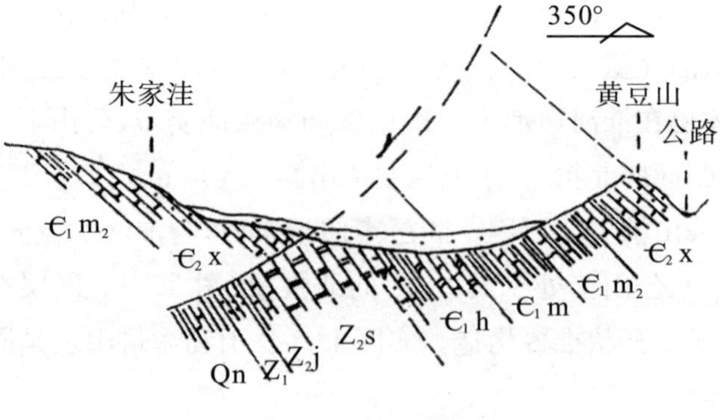

图 3.5　山王集断层示意图

（据钱守荣，2001）

3.1.4 平原之下是煤海

淮河以北是一望无际的平原。但它不是河流侵蚀作用后期准平原化的产物，而是河流冲积平原，系黄淮冲积平原的一部分。

平原新生界松散层之下，埋藏着石炭系—二叠系含煤地层，煤层多且厚，煤质好，储量大，且构造简单，埋藏浅，适于建设大型矿井，现在有潘集、谢桥、张集、顾桥、刘庄等特大型矿井建成投产。

石炭纪—二叠纪时，整个华北地区森林密布，地势平坦，河流纵横，在地壳缓慢沉降过程中，沉积了近千米厚的含煤地层。晚二叠世晚期，气候变得干燥，沉积了红色碎屑岩，不再含煤。中三叠世由于华北板块与华南板块对接和碰撞，本区受南北向构造应力作用，地壳发生褶皱和上升，阜凤、舜耕山等逆掩断层也伴随而生，上窑山和八公山之间形成“淮南复向斜”(图 2.12)，这就是“印支运动”。侏罗纪以后，淮南地区地形变得高低不平，剥蚀作用强烈，处于较高部位如蚌埠隆起上的煤系地层被剥蚀殆尽。新生代本区重新下沉，接受沉积，那些未被剥蚀的煤系地层有幸得以保存，才有了今天的地下矿藏。

3.2 岩石的形成

岩石在我们的实习中随处可见。然而，通过研究这些岩石形成的过程和时间，就可知道那时生活着何种生物，气候如何，形成环境如何，以及这些岩石经历了怎样的形成过程和地质变化等诸多的地球科学问题。

岩石就像地球的皮肤一样覆盖在地球的表面。海洋下面的洋壳只有 5～10 km厚，但在最高的山脉下面地壳的厚度却达 60～70 km(青藏高原)。岩石赋存在地球表层的“岩石圈”(软流圈之上地壳及上地幔的顶部)，地壳下面的地幔深入地球内部达 2 900 km 的“古登堡面”，再往深处是深度为 5 150 km 的“过渡带”直至地球内核的地心(6 370 km)。地幔内部是炽热的熔岩，没有人知道地核到底是什么组成的，但人们认为是温度高达 4 500 ℃以上的 Fe-Ni 合金。

在很多地方，地壳表面的岩石隐蔽在薄薄的土壤下面，或者被水体或冰雪所覆盖。但在山区或海边人们看到的多是裸露的岩石。

岩石有很多种。有些岩石纹理细密，由颗粒细小的矿物晶体组成，如板岩、千枚岩;有些岩石由颗粒粗大的晶体构成,如辉长岩、花岗岩。有些岩石不太坚硬,但却包含了很多动物和植物的化石,如泥岩、页岩。

研究岩石的地质科学称为岩石学。岩石由矿物组成,而矿物是由不同形式结合在一起的元素构成的。岩石中最常见的元素是氧,其次是硅。石英是岩石中最常见的矿物,是氧与硅化合而生成的一种名为二氧化硅的化学物质。玻璃的主要成分是二氧化硅,当加热达一定温度时,它能像熔浆一样流动。岩石被加热到高温时,也会像熔浆一样流动。组成岩石的其他常见元素是铝、铁、钙、钠、钾、镁、钛、氢等。大多数岩石是由几种常见的矿物组成的,如石英、长石、云母、辉石、角闪石等。有些岩石中含有一定量的金、银、铜等稀有元素而成为金属矿产。

岩石按形成方式分成三大岩类。

第一种方式是岩浆活动,形成的岩石称为火成岩或岩浆岩。这种以表示"火"的拉丁语单词 ignis 命名的岩石,是由火山喷发而带出炽热的熔岩或地下深处的岩浆冷凝而形成的。从火山口涌出的岩浆称为熔岩,迅速冷却后,形成了小颗粒晶体组成的火山岩(喷出岩),如玄武岩、安山岩、流纹岩。地下流动的岩浆冷却下来可能需要成千上万年的时间,冷却缓慢有助于大矿物晶体的形成。以这种方式形成的岩石称为侵入岩,根据岩浆侵入深度的不同又分为浅成侵入岩和深成侵入岩。深成侵入岩(pluton)是以古希腊神话中的冥王普路托命名的,如辉长岩、闪长岩、花岗岩等。

岩石形成的第二种方式是沉积作用,形成的岩石称为沉积岩。沉积岩与火成岩有很大不同,因为火成岩是由来自地下深处的岩浆物质形成的,而沉积岩是由于地球表面的岩石经过风化、搬运、沉积和成岩等地质作用,由泥浆、沙子、卵石等物质经过一系列地质作用过程的再循环而形成的。岩石风化后形成的碎屑物质和溶解物质被雨水冲刷到江河中,顺流而下进入湖泊或海洋。条件合适的情况下,沉积在河流、湖泊或海洋而成为沉积物。随着沉积作用的不断进行和地壳的逐渐下沉,下面的沉积物承受越来越大的压力和越来越高的温度,水分被挤出,胶结物质形成。经过长时间的地质变化,泥变成了泥岩或页岩,沙子和卵石则形成了砂岩和砾岩。

并不是所有的沉积岩都在水里形成的。风吹积成的沙丘最终也可以形成岩石;冰川携带的碎屑物质在冰川溶化后堆积起来构成冰碛物,形成的岩石叫冰碛岩。

有些沉积岩是由海洋动物的壳组成的。贝壳在海滩或海底逐渐堆积，受海浪和海流的冲击破碎，贝壳中的矿物与海洋中沉积形成的其他物质混合形成石灰岩；有些石灰岩是由于波浪和潮汐作用引起水介质的搅动，过饱和的碳酸钙围绕碎屑颗粒形成具有圈层同心纹状包壳的鲕粒，这样的石灰岩叫作鲕粒灰岩(实习区寒武系张夏组地层中就有这种类型的石灰岩)；在干燥炎热的气候(28～35 ℃)条件下，pH 值高于 8.3，盐度高，水浅的咸化潟湖或海湾中，由于蒸发作用的发生还常常形成白云岩；或者在碳酸钙沉淀过程中，方解石中的钙离子被镁离子交代后形成白云石，石灰岩由于白云石化作用而形成白云岩。实习区四顶山组、猴家山组、张夏组和土坝组地层中都含有白云岩沉积(附图 22～25)。

煤是一种由有机物组成，来自于古老植物残体堆积而形成的可燃有机岩石。古生代和中生代巨大的蕨类植物和裸子植物在沼泽中死后被埋藏形成泥炭。随后，泥炭上面形成其他沉积物逐渐压实泥炭，经过脱水、增碳，纤维素消失，腐植酸减少，形成凝胶化组分和沥青质等物理和化学过程，经过长期的煤化作用，泥炭才逐渐形成褐煤、烟煤和无烟煤。

岩石形成的第三种方式变质作用(改变已有的岩石)。经过变质作用形成的岩石以希腊语 metamorphosis(表示“变形”)命名，称为变质岩。变质岩的原岩可能是火成岩、沉积岩，也可能是已有的变质岩。原先的岩石在地下深处，由于受到较高的温度、较大的压力以及地下流体的作用，其中的矿物成分、结构构造等特征发生变化而形成变质岩。如岩石受到应力挤压发生破碎，就会形成断层角砾岩、碎裂岩、糜棱岩等动力变质岩(附图 26)；在温度升高的情况下，石灰岩和白云岩中的方解石和白云石发生固态重结晶，形成大理岩；泥岩 300 ℃时形成片岩，600 ℃时形成斜长角闪岩；火成岩、砂岩等由于受温度和应力的影响，可造成岩石中柱状、板状、片状矿物的固态重结晶，从而形成矿物断续定向排列的片麻状构造，这种岩石就是片麻岩；岩浆沿某些岩体的缝隙灌入，造成原岩发生变质形成混合岩(附图 27)。

野外常见到的岩石是层状有序排列的。如在采石场或公路两侧经常展现层状叠置的不同岩石(附图 28)，每一个单层的岩石就叫作“岩层”。岩层的面分别称为上层面和下层面，上、下层面之间的垂直距离就是岩层的厚度。厚度超过 2 m 者称“块层”；2～0.5 m 者称“厚层”；0.5～0.1 m 者称“中层”；0.1～0.01 m 者称“薄层”；小于 0.01 m 者称“微层”。在这些相互叠置的岩层中，多遵从“下老上新”的

“地层层序律”，即相对古老的岩层先形成，分布在下部；而相对年轻的岩层后形成，分布在上部。岩石形成的速度非常缓慢，1 m 厚的岩层形成时间可能需要上万年，甚至更长时间。淮南地区二叠系含煤的地层厚度在 650～850 m，形成过程却经历了大约 3 500 万年的时间，沉积速率大约是每万年 20 cm。

岩石也并不总是按年代顺序逐一排列的。有时会因为地壳隆升，已有的岩石遭受风化和剥蚀而缺失一段时间的沉积，造成“地层缺失”。如淮南地区奥陶系和石炭系地层间就缺失了志留系和泥盆系的地层，其间的沉积间断时间长达 1.5 亿年。这种上、下地层之间的接触关系被称为“平行不整合”或“假整合”。

形成的原始岩层大多呈水平状态分布。但由于地壳运动的作用，已有的岩层就会发生弯曲形成“褶皱”，或发生错断形成“断裂”，或由于地壳运动发生“倾斜”。岩层的空间展布状态称为“产状”，用“走向”“倾向”和“倾角”3 个术语来描述(图 4.2)。有时老地层会出现在新地层的上面，这种地层倒置的关系称为“倒转”。例如，舜耕山寒武系地层在奥陶系地层之上，罗山四十里长山组砂岩和九里桥组泥灰岩地层叠置在四顶山组白云岩地层之上，均是典型的地层“倒转”现象(附图 29)，这些都是由地壳运动引起的。

通过研究岩石内部矿物质中的放射性元素(如 U-Pb，K-Ar，Sm-Nd)，地质学家能够判断岩石的形成年龄，这是岩石的绝对年龄。根据岩石中赋存的“标准化石”，可以判断岩石的形成时代，根据地质记录以及各地质体之间的空间关系，也可以确定岩石形成的先后顺序，即岩石的相对年龄(“老”或“新”)。

从 46 亿年前地球形成开始的地质年代，不同阶段被划分为太古宙、元古宙和显生宙。寒武纪之前的太古宙和元古宙又合称为“隐生宙”或“前寒武纪”(Precabrian)(附表 1)。显生宙进一步划分为古生代、中生代和新生代，每个“代”再细分为若干个“纪”。古生代有寒武纪(Є)、奥陶纪(O)、志留纪(S)、泥盆纪(D)、石炭纪(C)、二叠纪(P)；中生代有三叠纪(T)、侏罗纪(J)、白垩纪(K)；新生代有古近纪(E)、新近纪(N)和第四纪(Q)。每个时代都有其自身鲜明的地质特征和生命形式。如，早古生代是海生无脊椎动物(三叶虫、笔石)的时代；晚古生代是海生无脊椎动物(腕足类、珊瑚、有孔虫)继续发展和动植物大规模登陆的时代。泥盆纪又称为“鱼类的时代”；石炭纪开始陆生脊椎动物两栖类逐渐占领统治地位(始螈)，陆生植物石松(鳞木)和蕨类(轮叶、芦木)开始繁盛并形成明显的地理分区；中生代是爬行动物和裸子植物的时代，恐龙是陆地上的霸主，鱼龙则在海洋里盛极一时；新生代是哺乳动物和被子植物的时代，人类的出现则具有划时代的意义。

化石也能帮助我们判断岩石的年龄。显生宙形成的岩石里常见化石，而在前寒武纪时代形成的岩石里化石却很稀有。到了前寒武纪的后期动物才开始出现，那时的动物体形小，身体软，没有骨架，难以成为化石而保存下来。

海岸边，海浪拍打着峭壁，被击碎的岩块落入海中。周而复始的海浪作用，它们会逐渐被打磨成卵石和沙子。陆地上，岩石饱受风吹、雨打、日晒和霜冻，即使是坚硬的花岗岩，经过缓慢的物理、化学和生物风化作用，最终也会变成细小的碎屑，被雨水冲进河流，最终被带入湖泊或海洋成为沉积物，经过逐渐压实、成岩作用而又形成新的岩石。岩石总是处于不断地变化之中，每天都发生着古老岩石被破碎，新的岩石在形成这样一个永不间断的地质过程。

三大类不同成因的岩石，由于受到太阳能、重力能和放射性元素的热能等造成地质作用的不断进行的影响，岩石中的物质组分、结构构造和岩石类型均始终处于不断地变化和再循环的地质过程之中。

3.3 风化作用

风化作用是矿物和岩石在地表条件下发生机械破碎和化学分解的过程。根据风化作用的性质，风化作用分为物理、化学和生物风化 3 种类型。

地表岩石在原地发生机械破碎而不改变其化学成分，也不形成新矿物的作用过程为物理风化。如，矿物岩石的热胀冷缩、冰劈作用、层裂和盐类物质结晶等均使岩石由大变小，以至完全破碎。

一方面由于温差影响，尤其短时间温度骤变，岩石强烈热胀冷缩发生破碎和剥落。在沙漠地区，昼夜温差达 70 ℃以上。岩石由多种矿物组成，不同矿物具有不同的膨胀系数，差异性膨胀破坏了矿物间的结合力，是岩石发生碎裂的主要原因。另一方面由于水结冰时体积增加，岩石裂隙中充填水，当温度降至 0 ℃，水结冰过程发生膨胀，冻结和融化反复交替使岩石裂隙增多导致岩石崩裂。

受水、氧气和二氧化碳作用，地表岩石发生化学成分和矿物成分变化的作用过程是化学风化。作用方式有溶解、水化、水解、碳酸化和氧化作用等。

水是溶剂，含有一定量的 O_2，CO_2 及其他物质，具较强的溶解能力。温度对矿物的溶解度有显著影响。热带地区雨水充沛、气温高，岩石风化速率高。

矿物与水作用，吸收水分子加入到矿物晶格中，形成含水矿物。如硬石膏转变为石膏：

$$CaSO_4 + 2H_2O \longrightarrow CaSO_4 \cdot 2H_2O$$

硬石膏转变为石膏，体积膨胀 60%，对围岩产生压力。同时，石膏溶解度较大，更加速岩石的风化和分解。

造岩矿物中硅酸盐和铝硅酸盐易发生水解作用，如钾长石水解为高岭石：

$$4K[AlSi_3O_8] + 6H_2O \longrightarrow Al_4[Si_4O_{10}](OH)_8 + 8SiO_2 + 4KOH$$

高岭石进一步水解形成铝土矿：

$$Al_4[Si_4O_{10}](OH)_8 + nH_2O \longrightarrow 2Al_2O_3 \cdot nH_2O + 4SiO_2 + 4H_2O$$

溶于水中的 CO_2 形成 CO_3^{2-} 和 HCO_3^-，与矿物中金属阳离子结合成易溶的碳酸盐而随水流失，原有矿物发生分解：

$$CaCO_3 + CO_2 + H_2O \longrightarrow Ca^{2+} + 2HCO_3^-$$

白云岩在水的溶蚀作用下表现出特有的风化外貌特征(附图 30，31)。

大部分岩石和矿物中含有铁，氧化后使风化岩石表面常呈红色、褐色(附图 32)。

生物活动也会对岩石和矿物的风化起到破坏作用，这种作用称为生物风化。生物的生命活动使岩石机械破碎，如植物的根劈作用；生物新陈代谢及生物体腐烂分解产物会引起岩石的化学风化，如微生物分泌大量有机酸，有利于岩石的化学风化。

三类风化作用多数情况下相互伴生，相互影响，相互促进。物理风化作用使岩石破碎，为化学风化作用提供条件；化学风化溶解岩石中的易溶物质，改变岩石的物理性质，加速了物理风化作用的进程。物理风化和化学风化又为生物风化作用的深入进行创造了有利条件。

岩石风化的控制因素主要有气候条件：气温、降雨量以及生物的繁衍状况；地形条件：地势的高低、地形的起伏程度和山坡的坡向；岩石性质：成分、结构构造和裂隙的发育程度等。岩石特征是控制风化作用的内在因素，气候和地形条件是风化作用得以进行的外在条件。相同条件下，不同岩石其风化结果不同。同一岩石在不同条件下，风化结果也不同。如灰岩在温暖潮湿气候条件下易发生化学风化，干冷气候地区化学风化难以进行。

风化作用的产物中，碎屑物质是物理风化的产物，如岩石碎屑和矿物碎屑；溶解物质是化学风化和生物化学风化的产物。K^+，Na^+，Ca^+，Mg^{2+}等离子以真溶液形式搬运，是海水和湖水中盐类的主要来源；难溶物质如 Fe，Si，Al 等残留在原地，形成黏土矿物、褐铁矿、铝土矿等。

罗山南侧山余家有一个完整的风化剖面（附图 33），自上而下为：

土壤层：灰褐色，植被茂盛，厚 5～25 cm；

淋滤层：棕褐色，主要由黏土矿物组成，富含 Fe^{3+}，板结成块状，垂直节理发育，厚 10～50 cm；

半风化层：土黄色，暗色矿物已风化，岩石结构尚保存，但已疏松；

基岩层：深灰色，为新太古界霍邱群角闪斜长片麻岩。

基岩由角闪石和斜长石组成，风化过程中在 H_2O，O_2，CO_2等作用下，矿物被分解，K^+，Na^+，Ca^{2+}，Mg^{2+}等被淋滤，Al^{3+}，Fe^{3+}等不活跃组分残留原地，分别形成黏土矿物和铁矿物。如地处热带—亚热带雨林气候带，黏土矿物和铁的氧化物会进一步被水解，形成铝土矿、褐铁矿等矿产。

沉积岩都或多或少含有黏土矿物，岩石风化后会残余大量的黏土矿物。八公山、舜耕山的岩石缝隙中和低洼地带随处可见。风化作用可以形成许多有用矿产，但更重要的是它为人类提供了宝贵的土壤资源，形成人类赖以生存的耕地。但这是一个漫长的地质历程。1 cm 厚黏土层的形成可能需要成千上万年，但一场洪水就可让它们瞬间消失。我国人均耕地面积仅是世界人均水平的 1/4，人口增加、水土流失、荒漠化还在使它不断减少。究其原因，还是人类过度开发、生态环境日益恶化所致。保护环境，保护耕地，已刻不容缓，否则，我们的子孙后代将无以为生。

地层中的古风化壳常常当作不整合或假整合的标志，它们代表岩层由沉积转变为风化侵蚀的过程，造成了地层缺失和不连续，多被解释为地壳上升的结果。如淮南地区奥陶系马家沟组和上石炭统太原组之间的铝土岩和褐铁矿层，就是中奥陶世后华北地区整体上升，经历了志留纪、泥盆纪、早石炭世的长期侵蚀风化的产物，直到晚石炭世才开始接受沉积，形成石炭系—二叠系含煤地层。这个古风化壳在整个华北陆块普遍存在。山余家霍邱群与上覆新元古界曹店组之间的不整合面上也有含铁的古风化面（附图 34，35）。

3.4　河流地质作用

河流是陆地上的永久性固定水流，河流地质作用是陆地上最重要的地质作用之一。河流通过侵蚀、搬运和沉积作用不断改造地表形态，形成各种沉积矿产，与人类的生活和生产也有着极其密切的关系。埃及文明、美索不达米亚文明、印度文明和黄河文明等的形成和发展都与河流密切相关。

河流是地球表面最活跃的地质营力，将大量水体及风化作用产物从陆地输入到湖泊和海洋，是自然界水循环、碳循环和岩石循环中重要的环节和外部动力。

河谷中常有流水的部分称为河床；河床中间的平缓部分为谷底；谷底以上的斜坡部分为谷坡。河谷的横剖面形态有三类：V形(峡谷)、U形和碟形。

河流的水体处于运动状态，其动能大小取决于流速和流量($E=1/2\times QV^2$：E——动能；Q——流量；V——流速)。河流的流速主要取决于河床的坡度，与河谷形态也有一定关系。半圆形河床中流水与河床之间的摩擦阻力最小，宽而浅(碟形)的河床中流水的摩擦阻力最大。

山区河流搬运的碎屑物类型主要为砾石和粗砂，平原地区的河流搬运的碎屑物主要是砂、粉砂和泥。

河流以自身的动能并以搬运的碎屑物质破坏河床，作用方式有水动力作用、磨蚀作用和溶蚀作用。河流的侵蚀作用主要表现为下蚀和侧蚀。

1. 下蚀作用

是流水对河床底部岩石的侵蚀作用，使河床降低，河谷加深。发生下蚀作用的原因为：(1) 流水顺坡而下，其向下的垂直运动分量刷深河底；(2) 流水携带砂砾在河床底部滚动和跳跃，磨蚀河底基岩；(3) 流水的涡流和环流作用。

河流下蚀达一定深度即停止。入海的河流，其下蚀的深度达到海平面高度时，河床坡度消失，流水运动停止。海平面高度是入海河流下蚀深度的下限。海平面及由海平面向陆内引伸的平面，称侵蚀基准面。

瀑布是河流下蚀作用的具体表现。其形成条件多样，尤其在软硬岩层相间、倾角平缓并向上游缓倾斜的岩层中形成的瀑布最常见。瀑布一旦形成，其下蚀作用更为强烈。下蚀最盛的地方，即瀑布的跌落之处，形成深潭。由于水的冲击和漩涡掏蚀，掘掉瀑布陡崖下部软岩层，使上部突出的硬岩层失去支撑而崩落，导致瀑布不断向上游后退。

贵州黄果树瀑布是我国规模最大的瀑布，发育于白水河流域，是岩溶岩层长期溶蚀作用的结果；壶口瀑布的流水从 30 m 落差的壶口飞流直下，其位置每年向上游退约 5 cm；美国西部尼亚加拉大瀑布闻名于世，落差 57 m，系由水平产状的白云岩与下伏的页岩差异侵蚀而成。

2.侧蚀作用

表现为河水对河床两岸侵蚀，使河谷加宽，并不断发生侧向迁移。河流发生侧蚀的原因：(1) 是弯道离心力：河谷弯曲，流水在弯曲部位因惯性产生离心力，离心力使流水由凸岸向凹岸集聚形成环流，造成河谷弯道中水体螺旋式前进；(2) 再者是地球自转偏向力(科氏力)：由于地球自转引起的作用于地球表面一切运动物体的力，在北半球其偏向运动方向右侧。

河流弯道处离心力和科氏力同时作用。北半球河流右弯，两力方向一致，凹岸侵蚀增强。河流左弯，两力相互抵消一部分，凹岸侵蚀减弱。凹岸的最大侵蚀点和凸岸的最大沉积点并不在弯道位置的顶部，而是偏向前方。因此，随环流的不断作用，河流的弯幅增大，并不断向下游方向迁移。

河流侵蚀作用的结果表现为凹岸侵蚀，局部形成陡崖；凸岸沉积，形成平缓的砂砾边滩。垂直下蚀使河床加深，河流向上游源头方向加长(溯源侵蚀)；横向侧蚀使河道加宽，弯度增加，河床呈蛇状向下游方向迁移。随着水动力条件的减弱，向下游方向河谷的剖面形态呈 V 形—U 形—碟形发展。

通常河流下蚀和侧蚀作用同时进行，在不同河段表现出的强弱程度不同。河流上游地形起伏大，河床坡度陡，以下蚀为主；河流中、下游地形相对平缓，以侧蚀为主，发育自由河曲。

河流中的砂和砾石等粗粒物质，以滚动、滑动和跳跃的方式进行搬运(拖运)；黏土和粉砂物质由于紊流的上举力，以悬浮状态被搬运(悬运)；母岩风化产物中的溶解物质，以真溶液或胶体物质形式进行搬运(溶运)。

河道由狭窄变开阔、河流弯道的凸岸、支流汇入主流、河流的泛滥平原、河流的入海和入湖处由于水流流速的降低导致沉积(附图 37)。流水流入开阔地段，流速减小，碎屑在河床中部淤积，促使主流线偏向两侧，沉积物在河流中心不断堆积，形成心滩；心滩进一步扩大形成江心洲；环流将凹岸侵蚀的碎屑带到凸岸沉积形成边滩；洪水泛滥时河道两侧形成河漫滩；河流横向迁移，河漫滩不断扩大，相邻河漫滩连成一片，形成冲积平原；河床边缘地带还常形成坝状天然堤；洪水期河水破堤时形成扇状堆积体(决口扇)。

河流沉积物由于水流的机械分异作用，所以分选性好；碎屑颗粒之间以及碎屑与河床底部之间的长期摩擦导致沉积物磨圆度高；河流沉积中常发育交错层理和水平层理等；沉积物由粗逐渐变细的沉积韵律反映了河流水动力条件的变化和河道的迁移过程(附图 39)。

河口处，河水与海水、湖水混合，因摩擦作用消耗流水的动能，流速降低，河水消散，常形成三角形的碎屑物质沉积——三角洲。黄河三角洲为扇形，长江三角洲呈喙状(附图 38)。

河流的溯源侵蚀使许多相互分隔、规模较小的流水互相连接。主流与其支流连接形成的同一系统，称为水系；河流及其支流构成的总区域称流域；流域与流域之间由山体或高地分开(如大别山分开长江和淮河)，称分水岭(图 1.1)。

淮河介于长江和黄河之间，流域面积为 2.7×10^5 km^2。全长约 1 000 km，总落差 200 m。流域西起牛山，东临黄海，南以大别山与长江分界，北与黄河流域相邻。淮河流域地处我国南北气候过渡带，是我国南北自然分界线。淮河入海、入江不畅，历史上流域洪、涝、旱灾害频繁，举世瞩目。1194 年南宋时期，黄河在河南原阳决口，汹涌的洪水携带数以万亿吨的泥沙冲入淮河流域，淮河自江苏江阴以下的河道被淤平，从此淮河失去了入海通道，成了名副其实的“断头河”，只得借助洪泽湖汇入长江，演绎了一幕惨烈的“黄河夺淮”的历史。

淮河自西向东流经淮南市区。在西部凤台县城附近由于受到八公山的阻挡，迂回绕行形成“几”字形(附图 2)。绕行中河曲发育，河道狭窄，水深流急，河流以侵蚀作用为主。在茅仙古洞附近，位于河流凹岸的八公山由于快速的侧蚀作用形成了悬崖峭壁。绕过八公山，河流进入淮北平原，这里地势平坦，河道变宽，河水流速减缓，泥沙携带能力降低，沉积作用增强，特别是流经八公山侵蚀、搬运的大量泥沙在此淤积，逐渐形成河心滩，导致河流分叉，形成所谓的“二道河”。河流淤积的土地肥沃，适合农作物生长，因而建立了农场，每年向国家提供了大量商品粮。

茅仙古洞风光绮丽，令人心旷神怡，被道家奉为“清虚仙境”。西汉时茅氏三兄弟在此建观修道，以后是否成仙不得而知。有一点是真实的，是淮河的地质作用造就了如画的风景。随着侵蚀作用的继续，河道会逐渐北移，茅仙古洞会慢慢消失，如此发展下去，也许几万年、几十万年以后，茅仙古洞与二道河之间的山体会被侵蚀殆尽，夷为平地，或者形成“牛轭湖”，而河道则会“裁弯取直”，河水在茅仙古洞的位置向东北在八公山镇附近流向二道河(图 3.6)，那时，八公山将不复存在。河流既是山水的“雕塑师”，又是移山填海的“大力士”。

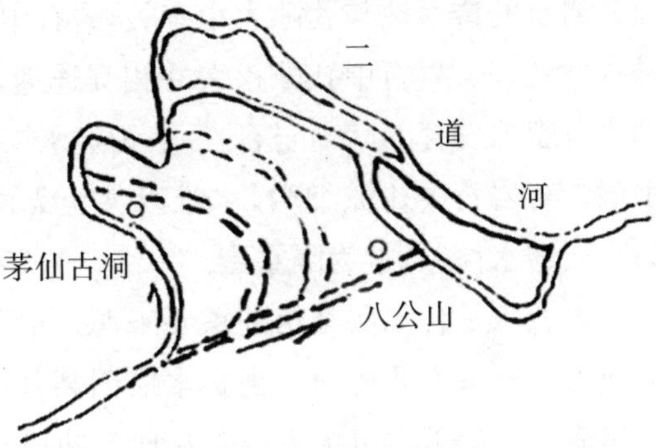

图 3.6　淮河未来流向图

(据钱守荣，2001)

淮河河床内沉积物主要由石英碎屑组成，其次为长石、白云母、岩屑、生物介壳碎片等。分选较好，磨圆程度较高，大小多在 0.2～0.05 mm，多细砂，河漫滩主要为粉砂和黏土。

地史中的河流沉积由河床沉积及河漫滩沉积组成，碎屑沉积物自下而上由粗变细，形成完整的沉积系列。在河湖密布或河流入海处，河流淤积形成大量肥沃的土地，森林植被茂盛，是煤形成的有利场所。

3.5　地下水地质作用

地下水中的淡水量占全球淡水总量的 14%，是河湖总水量的 26 倍，在水资源中占有极其重要的位置。地下水也是陆地上重要的地质营力，不断地改变着地表的形态。其形成的岩溶洞穴、石林景观等均为宝贵的旅游资源。此外，水质较好、水量稳定的地下水可作为供水水源使用；地下热水还可以用于取暖和发电；温泉对某些疾病还有特殊的疗效。地下水的地质作用也会造成各种地质灾害。如矿井生产中突然涌水或突水，威胁采矿安全，甚至淹井；过量开采会造成水源枯竭，地下水位持续下降，引起地面沉降；干旱地区地下水蒸发会引起土壤的盐碱化；地下水活动形成的溶洞，引起地面塌陷，对工程和水利建设有很大危害。20 世纪 80 年代黄淮地区普遍发生的煤矿井筒破裂也和地下水有关。

以各种形式存在于地下岩石和松散堆积物孔隙中的水都是地下水，其主要来源于大气降水、冰雪融水、地面流水从地面渗入地下的渗透水；水蒸气凝成水滴后渗于地下的凝结水；地下岩浆活动释放的岩浆水和古老沉积物孔隙中的水。

岩石的透水性与孔隙大小有关，岩石中的孔隙大、数量多、连通状况好，岩石的透水性就好。岩石中孔隙粗大并相互连通，水能自由透过的岩层为透水层，砂岩、砾岩及裂隙发育的其他岩石，一般为透水层。透水层中如饱含地下水，则称其为含水层。若岩石中孔隙细微，水难以甚至无法透过的岩层称为隔水层或不透水层。黏土层透水性差，常为隔水层。

地表水是含水层补给的重要来源。地下水主要通过泉向外排泄，也以蒸发作用或人工开采方式排泄。当含水层因某种原因出露地表便形成泉，它是地下水的天然露头。地下水以极大压力从地下冲涌而出者，称为喷泉；凡水流具有压力而向上运动者，称为上升泉；水流不具压力，仅受重力驱使向下运动者，称为下降泉。泉形成于多种条件，侵蚀作用使含水层在低洼处出露，地下水沿导水断层上升等。

八公山景色秀美，古泉诸多，分布于八公山脉的山谷之间。珍珠泉是八公山最著名的古泉，以其历史悠久、泉水清澈甘洌著称于世。泉水不仅是煮茶、品茗之上品，用它磨制出来的豆腐更是细若凝脂，色白质良，风味尤胜。珍珠泉属断层泉，凤凰山以南区域数条断层交错发育，舜耕山断层东西向贯穿馒头组、毛庄组及徐庄组灰岩(有大量孔隙、裂隙和溶洞发育而称为含水层)。加之东侧的卧龙山区域森林覆盖率高，雨水补给条件良好，因而泉涌不断(涌水量每小时 50 t)，且泉池潭内串串细碎的气泡，似珍珠不时涌出而得名。玉露泉位于山王镇西北约700 m。南靠小青山，北临玉露山，三面环山，青松翠柏，低丘环抱的喇叭形谷口处。泉口海拔 25 m，受水面积约 10 km^2，泉水从第四系黏土层中涌出地表，水温 17 ℃，流量稳定(114 m^3/d)。泉水清澈透明，甘甜爽口，属含偏硅酸锶的重碳酸钙镁型优质矿泉水，含有 12 种对人体有益的微量元素，可直接饮用。

根据地下水的埋藏条件，地下水分为包气带水、潜水和承压水(图 3.7)。

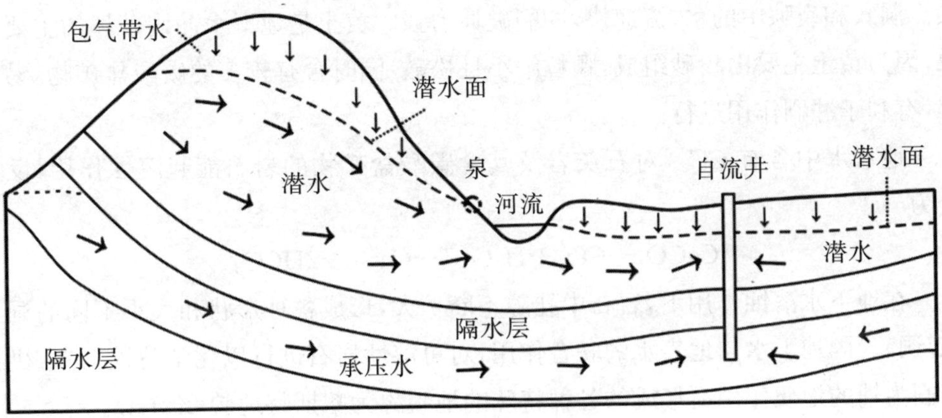

图 3.7　包气带水、潜水、承压水

包气带是介于地面与地下水面之间的地带。包气带中的水以气态水、结合水、毛细管水和重力水等多种形式存在。包气带水影响着植物生长和土壤的物理性质,但不能开采使用。

地表之下第一个稳定隔水层之上的地下水为潜水,潜水的自由表面为潜水面。多数民用水井取潜水使用。潜水主要通过大气降水经包气带渗透补给,地表水如河流、湖泊切割潜水面,且水位高于潜水面也可补给潜水。潜水分布范围小,水量有限,受气候及季节变化影响大。

充满两个稳定隔水层之间的地下水是承压水。承压水因被限制在两个隔水层之间,承受静水压力。如果穿过隔水层,承压水能沿钻孔上升到一定高度,甚至喷出地表,形成自流井。

向斜盆地或单斜盆地适宜形成承压水。承压水只有在含水层出露地表才能获得补给,承压水被大量开采之后,水位持续下降,甚至枯竭。不可认为这种水源“取之不尽,用之不竭”。

根据含水层中的孔隙性质,地下水划分为孔隙水、裂隙水和喀斯特水三种类型。广泛存在于松散沉积物及部分坚硬岩石孔隙中的水为孔隙水;存在于岩石裂隙中的地下水为裂隙水;存在于可溶性岩石裂隙、洞穴和地下暗河中的水为喀斯特水。喀斯特水水量丰富,可作为大型的供水水源,也是采矿的主要威胁。

地下水对岩石的剥蚀作用在地下进行，又称潜蚀，表现为冲刷和溶蚀 2 种形式。洞穴和裂隙中的水，流速快，冲刷破坏力强。黄土是地下水冲刷破坏的主要对象，因为黄土主要由粉砂组成，颗粒细小且松散，同时含有较多的碳酸盐矿物，易溶解，有利于冲刷作用进行。

地下水中含有 CO_2，对石灰岩及其含碳酸盐矿物的岩石能起溶蚀作用，反应式为

$$CaCO_3 + CO_2 + H_2O \longrightarrow Ca^{2+} + 2HCO_3^-$$

在地下水溶蚀作用下，岩石中孔隙不断扩大，形成各种形状和大小不同的洞穴（溶洞）。因地下水与地表水的联合作用，对可溶性岩石进行以化学溶蚀为主，机械冲刷为辅的地质作用所形成的各种特殊的地貌称为喀斯特地貌（Karst）。

溶沟是石灰岩表面上的沟槽，其宽度和深度不一、形态各异。沟槽之间的脊称为石芽。它们的形成是由于地表水流沿可溶性岩石表面溶蚀和冲刷作用的结果。形体高大、沟坡近于直立，发育成群者称为石林（stone forest）。云南路南的石林高达 30 m 以上，峭壁林立，十分壮观。

八公山地质公园的石林地貌发育于寒武系底部凤台组石灰质砾岩中。岩石砾石成分主要为白云岩、石灰岩等，与下伏四顶山组岩性相同。砾屑大小不一，棱角状，分选性、磨圆度差，方解石胶结。该处位于四顶山北坡低洼处，流水集中，沿岩层中纵横交错的裂隙不断溶蚀，形成溶蚀沟槽。天长日久，沟槽宽度、深度逐渐增加，形成石林地貌。

地下水沿可溶性岩层构造面（层面、节理面、断裂面等）活动，由于溶蚀、剥蚀和崩塌而形成的地下洞穴称为溶洞。形成初期裂隙通道小，地下水以溶蚀为主；随空洞扩大，互相连通，产生冲刷作用，逐步形成规模较大的溶洞。潜水面附近地下水活动强，溶洞迂回曲折，沿潜水面延伸常形成复杂的溶洞系统。

韭山洞位于淮南市东南凤阳县宋集乡境内韭菜山（图 3.8）。区内出露下寒武统地层，为一单斜构造，岩层产状一般为 180°∠20°。其原为隐于黄淮平原下淮南复向斜北翼的东延部分。因受北北东向武店正断层的影响，西部的上盘下降，隐于黄淮平原新生代松散层下，而东部的下盘地层上升得以出露。据测算，此断层的垂直落差在 1 500 m 以上。

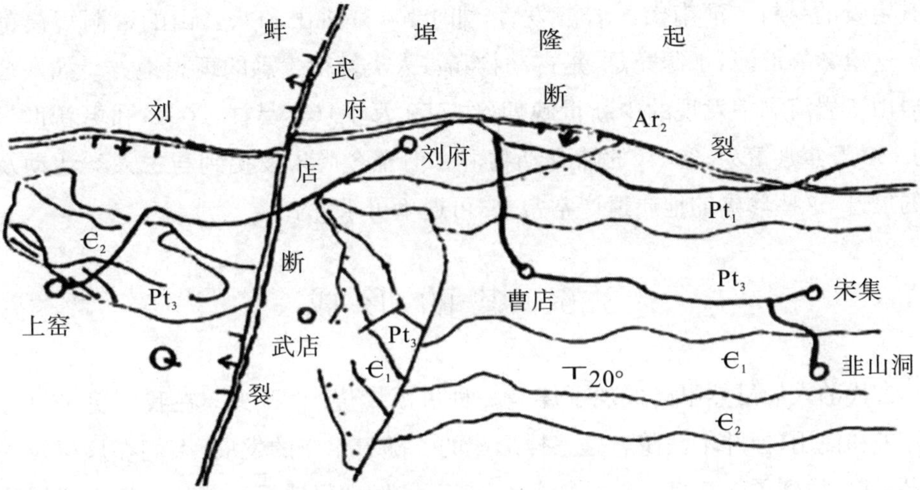

图 3.8　韭山洞地质略图

（据钱守荣，2001）

岩溶发生于毛庄组灰岩与页岩互层部位。节理密集，为地下水活动提供了便利条件。溶洞全长近 1 500 m，初始时岩溶顺着石灰岩层发育。随着溶洞扩大，下伏页岩层亦被冲蚀，上覆岩层发生重力垮塌，导致溶洞规模进一步扩大，形成"囊括五岳""峡谷幽深"等壮丽景观（附图 40）。洞穴延伸受岩层产状和节理控制，高低起伏，蜿蜒曲折，瞬息万变，犹如一个巨大的迷宫。地下水沉积作用形成的石钟乳、石笋、石幔等更因其奇特造型引出许多美丽的神话与传说，让人浮想联翩。

气候温暖湿润，降雨量大，丰富的地下水是喀斯特地貌发育的前提；可溶性成分越纯溶蚀越强烈，有助于喀斯特地貌的发育；岩石中裂隙和节理发育可促进喀斯特地貌的发育；水中 CO_2 溶入量大，流动性好，可促进溶解作用的进行；构造运动的稳定性决定着喀斯特地貌演化的进程。

富含 $Ca(HCO_3)_2$ 的地下水沿着孔隙、裂隙进入溶洞，由于温度和压力的改变，CO_2 逸出，加之蒸发作用加强，通过化学方式沉积 $CaCO_3$，形成钟乳石（石钟乳、石笋、石柱）和石幔、石瀑布等形态各异的溶洞沉积物。

洞穴是古人类及古动物栖息之地，常堆积和保存有新生代哺乳动物化石、古人类化石及石器、灰烬层等遗体及遗迹，为研究古动物和人类的发展演化历史提供了极其宝贵的材料。淮南山区岩溶发育，如上窑，舜耕山和八公山的溶洞规模都不小。这里紧靠淮河，水源充足，是古动物和古人类繁衍生息的理想地方。如八公山大居山灰岩溶洞中发现的中新世晚期(约550万年)(金昌柱，2004)和更新世早期(约180万年)(董为，2006)的哺乳动物群。但至今尚未发掘到与古人类活动及相关的痕迹，这些珍贵的地质遗产常常是“可遇不可求”的。

3.6 煤的形成

古代的人们虽然早已发现了煤是一种可以燃烧的“石头”，在我国更是早已广泛开采和使用；但并不清楚它是怎样形成的。随着生产的发展，人们在煤层及附近的岩层里，找到了保存良好的植物化石，甚至还发现仍然保留着整个树干或树根外形的煤炭。在显微镜发明以后，有人将煤块磨成极薄的薄片在显微镜下观察，发现其中还保留有大量植物组织碎片(像木质纤维组织、角质层、孢子、花粉等)(附图36)，这才证实了煤主要是由植物遗体转变来的。随着地质科学的发展，人们逐步查明了煤炭形成的全过程。

3.6.1 成煤的第一阶段

植物遗体在地表湖沼或海湾环境中，经历复杂的生物化学变化，形成泥炭或腐泥。

在水流较平静的湖泊、潟湖、海湾等环境中，低等植物(主要是藻类)繁殖很快。当这些藻类死亡后，遗体随泥沙一起沉积到湖底或海底。在缺氧的还原环境下，藻类遗体中的蛋白质、脂肪等物质，经细菌的分解和化学合成等一系列复杂的生物化学作用，逐渐转变为富含沥青质的凝胶状物质。这种物质与泥沙混合形成腐泥。

腐泥是湖泊及潟湖、海湾中常见的沉积物，一般常呈黄褐色或黑褐色。其用途广泛：有些地方将腐泥晒干后作燃料使用；最普遍的是用作肥料。我国南方河滨、湖泊较多，人们早已利用腐泥作为主要的肥源之一。由腐泥经受进一步地质作用而形成的煤，称为腐泥煤。我国南方许多地区如浙江、江西等地，在元古代末期、古生代早期等地层中发现的石煤，就是由腐泥转变而成的。

陆地上的高等植物死亡后，如果其遗体暴露在地表，在氧气畅通的条件下，有机物质受到强烈的氧化和喜氧细菌的充分分解而彻底破坏，不可能聚积起来形成泥炭，植物遗体转变成泥炭需要一定的条件。

地表上雨量充沛，积水又不太深，既有利于植物生长繁殖，又有利于植物死亡后遗体聚积的场所，最理想的要算沼泽了。在沼泽环境中，植物死亡以后，其遗体被沼泽水淹没或浸泡，大大减少了与空气中氧的接触。组成高等植物有机体的纤维素及木质素等物质，在厌氧细菌的分解活动等一系列复杂的生物化学作用下，转化为新生的合成物质（腐植酸、腐植酸盐及沥青等），这种新生的物质与尚未分解或部分分解的植物遗体，以及由地表流水携入沼泽的泥沙，地下水中溶解的矿物质等混合在一起，就形成泥炭。

泥炭一般呈黄褐色或黑褐色，无光泽，质地疏松。用途很多：风干后可作燃料；也可作化工原料；由于泥炭中含有大量腐植酸以及氮、磷、钾等元素，所以也是重要的肥源之一。

由泥炭经受进一步的地质作用而转变成的煤，称为腐植煤。这是因泥炭中含有大量腐植酸而得名。我们目前开采的煤层，绝大多数都是腐植煤。

3.6.2 成煤的第二阶段

并不是所有的泥炭层都能进一步转变成煤层。如果泥炭层形成之后，长期暴露在地表，疏松的泥炭层就会遭到风化破坏。只有在泥炭层形成之后，地壳继续发生沉降，泥炭层被其他泥砂沉积物所掩盖，这样才能保存下来。随着地壳的进一步沉降，泥炭层下降到地下较深的地方，它上面覆盖的沉积物也愈来愈厚。由于地下较深的地方对细菌的生存不利，促使泥炭中有机物质进一步变化的因素主要是逐渐升高的温度和压力。压力主要来自上覆地层静压力和构造作用应力，温度主要来自地热及岩浆热。这样，为了适应新的环境，泥炭中有机物质的分子结构将发生一系列的变化：其中 H、O、N 等元素的含量逐渐减少，而 C 的含量相对增大，有机物质分子的聚合程度逐渐增高；同时物理性质和化学工艺性质也相应地发生一系列的变化。这样，原来的泥炭层就转变成煤层了。由于在成煤第二阶段泥炭层转变成煤层的过程中，所经受的地质作用的强弱不等，因此就形成了不同的煤种。通常可分为褐煤、烟煤及无烟煤三大类。为了更好地满足工业利用的不同要求，其中烟煤又可再分成不同牌号，其特征及工业用途各有不同。

当泥炭层沉降到地下一定深度后，由于上覆沉积物静压力愈来愈大，原来疏松、多水的泥炭受到压实、脱水、胶结、聚合，体积缩小，形成较致密的褐煤（C 含量在 60%～70%）。褐煤多呈棕褐色，光泽很弱。

如果褐煤形成之后，当地地壳不再继续沉降，那么成煤作用就可能停止在褐煤阶段不再继续变化。我国一些地方古近纪和新近纪的煤层就常是褐煤。褐煤层一般离地表不深，厚度又比较大，因此常适于露天开采。如果在泥炭转变成褐煤之后，地壳仍然继续沉降，那么在温度更高和压力更大的条件下，褐煤中有机物的分子为了适应新的环境，又得进行重新排列，进一步增高聚合程度，H，O，N 的含量进一步减少，C 含量又进一步增多，化学工艺性质和物理性质进一步发生变化，这样就形成烟煤（C 元素的含量在 70%～90%）。

烟煤是由于燃烧时有烟（与无烟煤对比）而得名。光泽较褐煤强很多，颜色一般呈黑色，比重较褐煤大，多在 1.2～1.5 g/cm^3之间。

如果由于更强的地壳运动，或者由于岩浆活动，使烟煤层受到更高的温度和压力的影响，那么烟煤就要转变成为无烟煤（C 元素的含量在 90%～95%）。无烟煤因燃烧时无烟而得名。有极强的似金属光泽，颜色一般呈钢灰色，硬度较大，比重在 1.4～1.8 g/cm^3之间。

3.6.3 成煤的必要条件

（1）古植物。植物物质是成煤的原料。没有植物生长，就不可能有煤的形成。所以从地球几十亿年漫长的发展史来看，煤的形成只是在最近 3.5 亿年植物大量繁殖之后，才有可能。

由于植物的繁盛是成煤的必要条件，所以伴随着植物界的大发展，常出现重要的聚煤期。我国三个最主要的聚煤期（石炭纪—二叠纪、三叠纪—侏罗纪、古近纪和新近纪）分别与植物界蕨类植物（晚古生代）、裸子植物（中生代）和被子植物（新生代）的繁盛时期相对应。

（2）古气候。植物的生长直接受气候的影响。只有在潮湿、温暖的气候条件下，植物才能繁盛。此外，植物遗体只有在稍有积水的沼泽地带，才能免遭完全氧化而逐渐聚积起来，而沼泽的发育也要求潮湿气候。因此，温暖和潮湿的气候条件有利于成煤。

(3) 古地理。形成分布面积较广的煤层,还必须有适于发生大面积沼泽化的自然地理条件。通常,滨海的广阔平原、内陆湖泊、宽广河谷的河漫滩、河口三角洲、海湾潟湖、山间盆地等较广阔平坦的地方,受地壳升降、海水进退的影响,易发育形成大片的泥炭沼泽。

(4) 古构造。地壳运动对煤的形成的影响是多方面的。首先泥炭层的聚积要求地壳发生缓慢的下降。地壳下降的速度最好与植物体堆积的速度大致均衡,这种状态持续的时间越久,形成的泥炭层也越厚;其次,泥炭层的保存和进一步向煤层转变,也要求地壳发生较大幅度的沉降;再次,同一地区若能形成多层煤层,则要求地壳在总的下降过程中发生多次的升降或间歇性的下降。此外,地壳运动还对沉积区周围的剥蚀区产生影响,直接关系到搬运来的碎屑物质的数量和颗粒粗细等,与沼泽地区的自然地理环境和气候的改变密切相关。

总之,在地球发展的历史进程中,只要某个地区同时具备了上述必要条件,且彼此配合得很好,持续的时间也较长,那么就能形成煤层多、储量大、具有开采价值的重要煤田。

第4章　地质工作的基本技能和方法

4.1　实 习 准 备

为了保证野外地质工作的顺利进行，每次出发前，都要进行技术性、事务性的准备工作，筹备充足的工作、交通和生活需要的装备和用具。工作内容不同，要求也不尽相同。本次野外实习要求准备的东西有：地质包、地质锤、罗盘、放大镜；实习指导书、野外记录本、文具(2H铅笔、红笔、量角器、三角板、小刀等)；饮水、遮阳用具、登山鞋等。所携装备应妥善保管，不要丢失。

无论是野外地质工作还是地质实习，野外记录都是宝贵的原始资料，是以后进行研究分析的重要依据，也是评定实习成绩的重要依据之一，不能丢失或污损。

野外记录内容要详细、客观、清晰美观、文字通顺、图文并茂。详细记录所观察到的地质现象以及你的分析、判断和预测；如实反映所见地质现象，不能凭主观随意夸大、缩小或歪曲客观的地质情况；记录清晰美观、文字通顺、条理清晰是衡量记录优劣的标准，要求地质工作者具有较高的文字素养；图是表达地质现象的重要手段，许多地质现象只用文字难以表达，必须辅以插图。如沉积构造、化石，断层、褶皱、节理等构造特征，地层接触关系及其他地质作用现象等，尽可能绘图或拍照表示。好的图件的价值远超过单一的文字记录。

记录本前面应填上工作者姓名、单位、通信地址、邮编、工作(或实习)地区。记录格式如下。

记录前，先写下当日“日期”“天气”和“地点”；记下“实习路线”，即当日实习计划走过的路线，例如，路线1：学校—洞山。

再记下当日计划的“实习内容”，例如：

实习内容：(1) 观察洞山的岩石、地层、古生物；

(2) 练习罗盘的使用方法；

……

记录观察点观察内容，如：

No.01(观察)点

位置:

描述:(1)______________________________。

(2)______________________________。

(3)______________________________。

观察点多设在岩层出露好的地方,常常有许多地质内容,如岩石、地层、构造等,记录时应分门别类、顺序地将观察的资料详尽反映在记录中。第二天实习记录要从新的一页开始。

对初学者,刚开始时常常不知从何做起,它不同于课堂上听课记笔记,学习方法和思维方式都会有变化。因此在野外一要认真听取教师的指导和启发,二要充分发挥自己的主观能动性。在野外应做到四勤:眼勤、脑勤、手勤、腿勤。在观察点上,首先要了解要观察的内容,运用学过的书本知识,反复观察,认真思考,及时描述和记录。不懂就问,也可互相讨论。通过不断学习,反复实践,每天都会有许多不同的收获。对于地质工作者,每天都是新的一天,每天都是充满希望的一天,每天都是有所发现、有所成就的一天。

每天回驻地,应把当日记录的野外地质资料分门别类(按地层、构造、岩石、古生物、地质作用等)进行系统整理,并认真编写实习日志。确认当日的收获,找出不足,以利于明日改进,不断进步,同时为编写实习报告准备素材。

野外记录除了文字资料,有条件时还应配有图件(照片、素描图等)。一幅图往往更能直观、典型地反映野外地质实际情况,常胜过大段文字描述,收到事半功倍的效果。要做到这一点,除了需认真地观察和认识,还要具备一定的美术素养和地质学家特有的灵感。这是在长期的实践中练就的。有关类似图件在教科书中经常出现,学习者可对照练习。

4.2 地质罗盘的使用

罗盘是野外地质工作必备的装备之一,在野外用来导向、定位、测量岩层产状、确定矿体形态、研究地质构造等。在地质信息技术快速发展的今天,它的作用仍然是不可替代的。

4.2.1　罗盘的结构

地质罗盘仪式样多种，但其原理和构造大体相同。一般由磁针、刻度盘和水准器等部分组成，并安装在非磁性物质的底盘上。罗盘的结构如图 4.1。

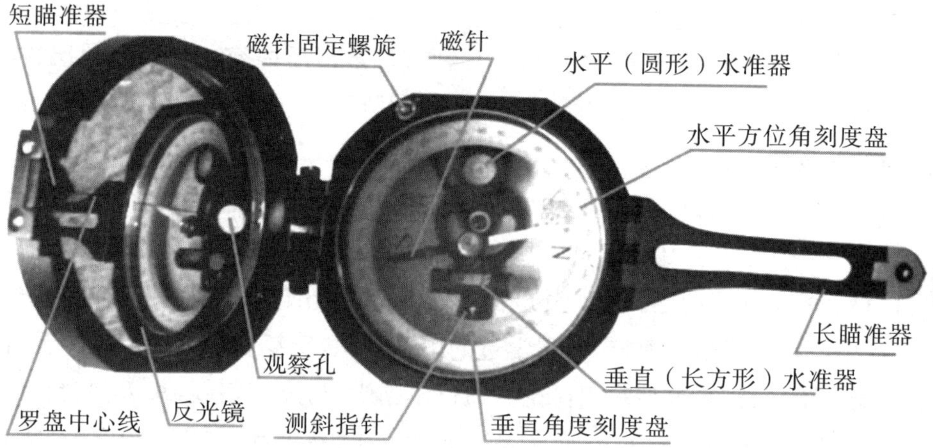

图 4.1　地质罗盘仪基本结构

（据解国爱，2011）

罗盘有两套测量系统，其中垂直刻度盘、垂直水准器和测斜指针为垂直测量系统，用于测量岩层的倾角和山坡的坡角等。其余全为水平测量系统，用于测量岩层的走向、倾向和水平方向的定向、定位测量。

磁针为一两端尖的磁性钢针，其中心放置在底盘中央轴的顶针上，以便灵活地摆动。由于我国位于北半球，磁针两端所受地磁场吸引力不等，产生磁倾角。为使磁针处于平衡状态，在磁针的南端绕上若干圈铜丝，也可用来区分指南针和指北针。

刻度盘分上（水平）、下（垂直）刻度盘。水平方位刻度盘刻度从 0°开始，逆时针方向每隔 10°一记，直至 360°。垂直角度刻度盘专作测量倾角和坡角用，以中点位置为 0°，向两侧每隔 10°一记，直至 90°。

罗盘上通常有 2 个水准器，圆形水准器固定在底盘上，长方形水准器固定在测斜器上，当气泡居中时，分别表示罗盘底盘和罗盘含长边的面处于水平状态。

4.2.2 罗盘的使用

1.磁偏角校正

罗盘使用前，首先要校正磁偏角。因为地磁的南、北极与地理的南、北极位置不完全相符，即地磁子午线与地理子午线不重合，两者间的夹角称磁偏角。淮南地区的磁偏角为西偏4°，校正时用罗盘配备的小钥匙，旋转罗盘外壳合页旁的手动螺旋，让水平刻度盘逆时针旋转，即以356°对准刻度盘上方正北标志点（白色点）即可。

2.定向与定位

定向 要确定自己所在位置位于已知标志物（树、房屋、山顶等）的什么方向时，具体操作如下：(1) 手持罗盘至腰部，打开罗盘并将瞄准砚板大致对准标志物；(2) 将罗盘保持水平；(3) 活动反光镜，让标志物影像出现在反光镜中；(4) 上下活动瞄准砚板，使之也出现在反光镜中；(5) 在保持罗盘水平的情况下，转动罗盘，使标志物、砚板和反光镜中线位于一条直线上；(6) 读南针所指度数，就是所在地方位。若测量标志物在自己所在点的方位时，读北针数据（图4.2）。

方位的计量数据来自地理坐标系，与数学中的几何坐标系明显不同，它以纵轴正北方向为0°，顺时针方向计量，东为90°，南180°，西270°。依次可划分为北东（NE）、东南（ES）、南西（SW）、西北（WN）四个象限，两者可以换算。例如E30°S，读作“东偏南30°”，实际为120°方向；260°可以标志为W10°S。学习者可自己画图并练习换算，以熟悉地理坐标系。

定位 某些重要的观察点，除了地质内容的观察和描述，还要记下它们的位置。这就需要进行定位测量。具体方法是：选择2个的标志物，利用前面定向的测量方法确定观察点在标志物的方位，记录在记录本上。如带有地形图，找出地形图上标记的实际标志物，2个、3个均可。取得数据后作图：(1) 以标志物为原点，建立地理坐标系，其方向应与地形图一致；(2) 将测量的方位数据分别用直线表示出来；(3) 两条直线交会处应是观察点在地形图上的位置。如果测了3个数据，3条直线交成一点，说明测量数据准确；如若交成三角形，说明测量有误差，三角形大小意味着误差大小。观察点位置取三角形的中心。误差过大时，须重新测量。

3.岩层产状的测量

岩层产状测量是十分重要的，它是描述岩层空间展布状态、分析岩层形变和研究地质构造的重要数据。

首先选定 1 个较平整的岩层面。注意选定时一定要前后左右观察一下岩层层面的位置，不要将岩石的节理面或风化面当成岩层面。

将罗盘打开成面状，将长边紧贴岩层面并保持水平，此时罗盘代表 1 个水平面；读出磁针（南、北针均可）指向的刻度盘数据，就代表水平面与岩层面交线的方向，即岩层的走向。

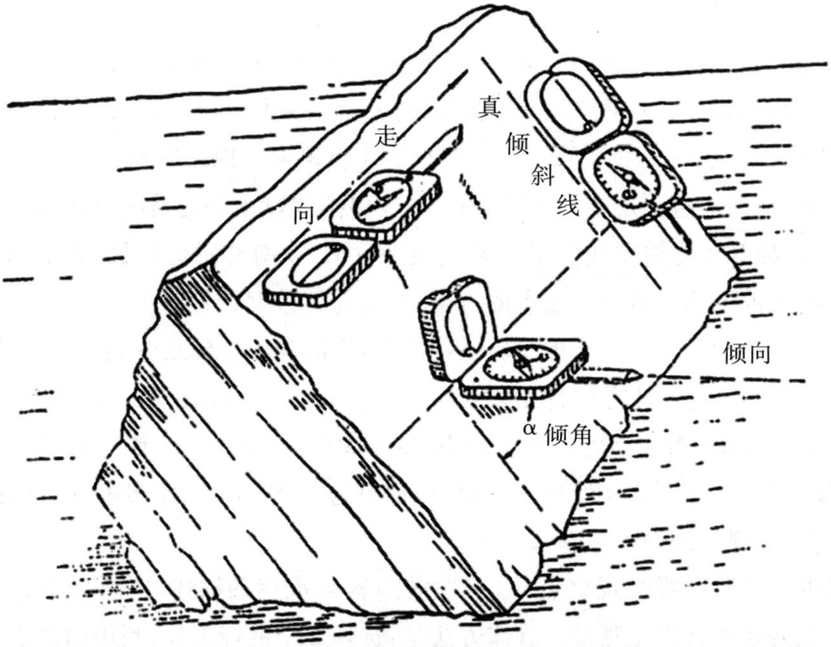

图 4.2　岩层产状要素及其测量方法

（据夏邦栋，1986）

将罗盘短边紧贴岩层面，转动罗盘使其水平，北针所指数据即为岩层的倾向（上层面）。

将罗盘侧立，长边沿垂直走向方向上紧靠岩层面，旋转罗盘底部的手柄，让垂直水准器气泡居中，读出白色短线标志所指度数即为岩层的倾角。如果罗盘长边方向不与走向线垂直，测得的是“视倾角”，而非“真倾角”。

一般情况在对走向不做特别要求时，岩层产状数据只需量出倾向和倾角(走向与倾向相互垂直)。记录形式如下：如记作 180°∠40°，其中 180°为倾向，40°为倾角。在平面地质图上标记为┬40°，其中长线(4 mm)为走向，短线(2 mm)为倾向，40°为倾角。长、短线的方向参照地理坐标系作出。可以看出，该岩层走向为东西向，倾向南，倾角 40°。

4.3 岩石的野外观察

了解地球的物质组成，是从认识矿物岩石开始的。矿物岩石的野外识别能力，是地质工作者的一项基本功。

目前地球上已被发现的矿物总数已达 3 300 余种，我们在课堂实验室内所见到的还不到 1%，如此多的矿物如何才能辨认过来？其实与人类关系密切的仅 200 余种。其中长石、石英、橄榄石、辉石、角闪石、云母、黏土矿物、方解石等是常见的造岩矿物，它们占了地球上矿物总量的 90%以上。其余如硫化物、氧化物、卤化物等一般少见，只是在一定区域、一定地质时代、富集到一定程度才形成金属或非金属矿产。

在野外，矿物是组成岩石的基本单位。它们的分布并非杂乱无章，而与地球的演化密切相关。它们随着区域、地质时代的不同有规律地分布。在岩石圈范围内，岩浆岩、变质岩占总体积的 95%，沉积岩仅占 5%，主要分布于 5 km 以上的范围内，但却覆盖了大陆面积的 70%，海底几乎全部为沉积物覆盖。而沉积岩中，碎屑岩、碳酸岩盐、黏土岩共占总量的 99%，其他可燃有机岩、硅质岩、铁质岩、铝质岩及盐类仅占很少比例。

淮南地区太古界为变质岩，从新元古界起主要为沉积岩。

了解了这些，在野外就可以心中有数了。运用学过的矿物岩石的知识和方法，在不断的实践中积累经验，就会认识越来越多的矿物和岩石，识别能力会愈来愈强。在野外，除了掌握岩石的基本知识和识别方法外，可借助一些简单的工具，如锤子、放大镜、小刀、稀盐酸等。

观察时，首先要用地质锤敲开岩石的新鲜面再进行其他工作，否则其风化表面会使观察产生错误的认识。

用小刀可以区分硬度为6级上下的矿物，如方解石和石英。如遇石膏和滑石，指甲刻划即可识别。矿物之间相互刻划可判断它们的相对硬度大小。

一般放大镜可将岩石中细小的矿物颗粒放大10倍，观察其成分、结构等。用稀HCl可以区别方解石与其他矿物。

实地观察时，最直观的是岩石的颜色。对岩石颜色的描述十分重要。一般地说，岩浆岩和变质岩的颜色往往与其暗色矿物（如橄榄石、辉石、角闪石、黑云母等，它们都是含有Fe^{2+}的硅酸盐矿物）含量有关。含量愈高，颜色愈深。岩浆岩从超基性岩至酸性岩颜色逐渐变浅，就是暗色矿物含量渐少，而长石、石英等浅色矿物含量渐高的缘故。因此在观察岩浆岩、变质岩的过程中，对颜色的正确描述有助于岩石类型的识别。而沉积岩中，岩层系呈深色为其富含有机质所致，如淮南地区石炭系—二叠系含煤岩层多为灰、深灰色。它们往往代表还原、湿润条件下的产物。而常见于岩浆岩、变质岩中的暗色矿物极易风化分解，难以出现在沉积岩中。红色沉积岩层多含有Fe^{3+}，是氧化、干燥条件下的产物，如淮南地区上二叠统石千峰组的红色砂岩，这就可以解释为什么晚二叠世后淮南地区再也没有煤的形成。

接下来利用手中的工具观察岩石的矿物成分、结构、构造现象。沉积岩中，还要注意对古生物化石的观察。

野外岩石在纵向上、横向上会发生变化。观察时应注意上、下、左、右追索一下，观察它们的变化，这样才能全面认识岩石及其组合特征。

观察内容应分项逐条记录在记录本上。

4.3.1 沉积岩的观察和认识

在野外，沉积岩一望无际的层状分布是最易辨认的。单个岩层厚度大小不一也是沉积岩应描述的特征，由“厚层”“中层”“薄层”之分，见3.2节。

1.碎屑岩的观察和认识

实习工作开始之前，可找一些建筑用的沙粒，用放大镜观察。练习观察它们的矿物成分、大小、磨圆度、分选性等。

碎屑岩有两种结构组分，一是碎屑颗粒，主要为石英，其次为长石、云母、岩屑等；二是填隙物（胶结物或基质）（附图41）。

打下一块新鲜标本，先观察碎屑，确定其成分、含量、分选性、磨圆度等：常见的碎屑成分有石英、长石、云母、岩屑等；分选性分为好、中等、差；磨圆度有棱角状和圆状之分。再观察填隙物的成分、含量和胶结方式：常见填隙物成分有硅质、铁质、钙质和泥质，野外可根据岩石的物理和化学性质加以判断；胶结方式有基底式和孔隙式等类型(附图 42,43)。

还要观察岩层的厚度及其变化、沉积构造、古生物化石等特征。

碎屑岩命名采用“颜色＋结构＋成分”的原则，如紫红色细粒长石砂岩。

碎屑中某矿物成分含量在 50%以上，即可以其命名。但长石或岩屑若含量超过 25%，即可命名为长石砂岩或岩屑砂岩。实际上它们非常少见，分布最广的还是石英砂岩。为什么？同学们可独立思考这个问题。

碎屑粒度大小标准为：砾(＞2 mm)；粗砂(2～0.5 mm)；中砂(0.5～0.25 mm)；细砂(0.25～0.1 mm)；粉砂(0.1～0.01 mm)。某一标准粒度的碎屑占 50%以上即可以此命名。

例如，淮南谢桥下二叠统下石盒子组 7 煤层底板砂岩描述如下。

灰色，中厚层；碎屑矿物成分主要为石英，含量 75%以上，次要成分为长石、岩屑、炭屑等，共占 15%；碎屑颗粒大小在 0.5～0.3 mm 之间，含量占 70%以上，主要为中粒碎屑；碎屑多为次棱角到次圆状，分选性中等；填隙物主要为黏土矿物胶结物，孔隙式胶结；小型交错层理发育，上部见波状层理；向上渐变为细砂岩和粉砂岩，粉砂岩中可见植物化石碎片。定名为灰白色中粒石英砂岩。

在野外，可以从碎屑岩常形成山脊或突兀地面，抗风化能力强，表面无水溶蚀痕迹，滴盐酸无反应等特征加以识别。更重要的是要经常使用手中的放大镜，从成分和结构的观察中将其与其他岩类区别。

2.碳酸盐岩的观察和认识

碳酸盐岩主要类型为石灰岩、白云岩。在野外，用小刀和稀盐酸很容易认识和区别它们。石灰岩的主要矿物成分为方解石，但其结构组分也可分为两部分：泥晶基质与颗粒(附图 44)。特殊情况下还有生物形成的架状结构，如淮南地区的叠层石灰岩。碳酸盐岩中的颗粒不是岩石风化的产物，而是沉积过程中由于机械的、化学的或生物作用形成的，如砾屑、鲕粒、生物碎屑、藻团等。颗粒含量 50%以上者可定为颗粒石灰岩，如竹叶状(砾屑)灰岩、鲕粒灰岩、球粒灰岩、生物屑灰岩。一般颗粒含量高，沉积时水体能量高。泥晶或微晶含量 50%以上者称泥晶或微晶灰岩，反映较为平静的水体环境。

例如，中寒武统张夏组鲕粒灰岩描述如下。

灰色，厚层状；主要矿物成分为方解石，滴稀盐酸剧烈起泡；鲕粒结构；鲕粒圆球状，一般粒径 1 mm 左右，含量 60%；颗粒中生物碎屑约占 10%；亮晶方解石胶结，含量 30%。水动力强，无泥晶基质。定名为灰色亮晶鲕粒灰岩。

白云岩由白云石组成，它们主要为白云石交代方解石而成，多为晶粒结构，放大镜下能观察得很清楚。根据晶粒大小，分为粗晶(>1 mm)、中晶(1～0.25 mm)、细晶(0.25～0.05 mm)和泥晶(<0.05 mm)。

现代原生白云石主要形成于温度在 28～35 ℃，盐度在 5%～27%，pH 值超过 9 的潮上带环境。白云石交代方解石的作用过程称“白云石化作用”，其形成机理有渗透回流作用、蒸发泵作用和淡水白云石等模式。若沉积时发生交代作用，则形成于干燥气候下，与盐类矿物共生，少见化石。

碳酸盐岩易与水作用，表面溶蚀沟槽十分发育。特别是白云岩风化面上的“刀砍”状溶沟是白云岩的重要识别标志(附图 45)。

3. 黏土岩的观察和认识

黏土岩在野外较易辨认，其岩性松软，易风化，常形成低洼地形而被掩盖。如罗山南侧洼地就是青白口系刘老碑组页岩风化侵蚀后形成的(附图 46)。

黏土岩的矿物主要为高岭石、蒙脱石等。颗粒一般<0.001 mm，电子显微镜下才能看清它们(附图 47)，故称泥质结构。其中层(页)理发育者称为页岩，不发育时称泥岩，未固结者称黏土。

由于黏土矿物非常细小，肉眼难以直接判断其矿物成分。但黏土岩的颜色和物理性质研究有助于推断其矿物成分和岩石的相关物化性质。黏土岩由于含杂质不同而呈现黄、绿、灰、红等颜色，如质纯的高岭石泥岩为白色或灰白色；含绿泥石时呈现绿色或浅蓝色；有机质丰富时常呈现黑色或深灰色，煤系地层中页岩因富含碳质呈现黑色，有时称碳质泥(页)岩；含铁的氧化物或氢氧化物可呈现黄褐色、红色，如刘老碑组馒头组和石千峰组的泥(页)岩中因含 Fe^{3+} 多呈紫红色。

黏土岩的物理性质观察包括硬度、脆性、滑感、断口、裂隙、可塑性、膨胀性、黏结性、黏舌性等。黏土岩中还常常混入其他矿物或组分，如方解石、粉砂、鲕粒、结核等，运用 HCl 有助于判断其中的钙质含量。还要注意观察黏土岩中是否含有古生物化石及其种类与含量，岩石的结构和构造特征等。

4.3.2 火成岩的观察和认识

火成岩是由岩浆直接冷凝形成的，在地壳和上地幔中形成，以硅酸盐为主要成分的炽热、黏稠、富含挥发分的熔融体冷凝而成。SiO_2是硅酸盐的主要成分，它与Al_2O_3，Fe_2O_3，FeO，MgO，CaO，Na_2O，K_2O等其他氧化物结合，组成各种不同的硅酸盐矿物。SiO_2含量是划分火成岩类型的主要因素，其含量高酸性程度随之升高。

火成岩主要有侵入和喷出两种产出形式。侵入在地壳一定深度的岩浆经缓慢冷却而形成的岩石，称为侵入岩。侵入岩固结成岩的时间很长，2 000 m厚的花岗岩体完全结晶大约需要64 000年；岩浆喷出或者溢流到地表，冷凝形成的岩石称为喷出岩。喷出岩由于岩浆温度急剧降低，固结成岩时间相对较短，700 m厚的玄武岩全部结晶，需要9 000年。岩浆岩的简单分类见表4.1。

表4.1 火成岩的简单分类

岩　类	超基性岩	基性岩	中性岩	酸性岩
SiO_2含量	<45%	45%～52%	52%～65%	>65%
喷出岩	科马提岩	玄武岩	安山岩	流纹岩
浅成侵入岩	苦橄玢岩	辉绿岩	闪长玢岩	花岗斑岩
深成侵入岩	橄榄岩	辉长岩	闪长岩	花岗岩

在岩浆从上地幔或地壳深处沿通道上升到地壳形成侵入岩或喷出到地表形成喷出岩的过程中，由于岩浆性质和物理化学条件的不同，形成的火成岩的化学成分、矿物成分也不断变化，因此，在自然界中形成的岩浆岩是多种多样的。

火成岩具有反映岩浆冷凝环境和形成过程所留下的特征和痕迹，与沉积岩和变质岩有明显的区别。喷出岩具有特殊的构造特征。如喷出岩是在温度、压力骤然降低的条件下形成的，造成溶解在岩浆中的挥发分以气体形式大量逸出，形成气孔状构造。如果这些气孔形成的空洞被后来的物质充填，就形成杏仁状构造。岩浆喷出到地表，熔岩在流动的过程中其表面常留下流动的痕迹，称为流纹构造。如果岩浆在水下喷发，熔岩在水的作用下会形成很多椭球体，称为枕状构造。这些特殊的构造特征只存在于喷出岩中。

岩浆上涌侵入到地壳中，它们和周围的岩石之间都有明显的界限。岩浆沿着断裂带或岩石中的片理等空隙侵入，常形成岩基、岩株、岩床、岩墙等不同形状的侵入体。由于侵入岩和围岩有密切的接触关系，围岩的碎块常被带入岩浆中成为"捕虏体"。生物化石和生物遗迹在岩浆岩中是不存在的。

火成岩的肉眼观察内容包括岩石的颜色、矿物成分和结构构造特征。

1.颜色。岩石的颜色是指组成岩石的矿物颜色之总和，而非某一种或几种单个矿物的颜色。如灰白色的岩石，可能是由长石、石英和少量暗色矿物等形成的总体色调。火成岩的颜色可根据暗色矿物的百分含量，即"色率"来描述，也可根据色率大致推断暗色矿物的百分含量，从而推知岩浆岩所属的类别。

2.矿物成分。对于显晶质结构的岩石，应注意观察主要矿物的颜色、晶形、解理、光泽、断口等特征，并目估其含量。(1)观察有无长石，若有则应鉴定长石的种类；(2)观察有无石英、橄榄石的出现：若有石英出现，则为酸性岩；若有橄榄石出现，则为超基性和基性岩；(3)鉴定暗色矿物的成分，特别注意辉石和角闪石，以及它们和黑云母的区别；(4)对具斑状结构或似斑状结构的岩石，则应分别观察斑晶和基质的成分和特点。

3.结构构造。岩浆岩按结晶程度分为全晶质结构、半晶质结构和非晶质(玻璃质)结构(附图48)；按颗粒绝对大小又可分为粗(＞5 mm)、中(5～1 mm)、细粒(1～0.1 mm)结构以及微晶、隐晶等结构(应注意微晶、隐晶和玻璃质结构的区别)；按岩石组成矿物颗粒的相对大小又可分为等粒，不等粒，斑状和似斑状等结构。观察火成岩结构时，应注意观察矿物的结晶程度、颗粒的绝对大小和相对大小等特点。

岩浆岩常见的构造为块状构造，其次为气孔状、杏仁状和流纹状构造等(附图49)。

火成岩的命名一般为"颜色＋结构(构造)＋基本名称"，如肉红色粗粒花岗岩，如灰褐色气孔状玄武岩。

4.3.3　变质岩的观察和认识

变质岩中具有某些特征性矿物，这些矿物只能由变质作用形成，称为变质矿物。如红柱石、蓝晶石、夕线石、硅灰石、石榴子石、滑石、十字石、蓝闪石、透辉石、蛇纹石、石墨等。变质矿物的出现是变质作用发生的有力证据，也是变质岩区别于岩浆岩和沉积岩的主要标志。

原岩的结构特征在变质作用过程中可能全部消失或部分消失，形成变质岩的结构。变质岩的结构主要有变晶结构和变余结构。变余结构是变质程度较浅时，残留的部分原岩结构。变晶结构按照变晶颗粒的大小分为粗粒（>3 mm）、中粒（3～1 mm）、细粒（1～0.1 mm）和显微（<0.1 mm）变晶结构；根据变晶颗粒的相对大小分别称等粒、不等粒和斑状变晶结构；按照变晶颗粒的形态特征分为粒状、鳞片和纤状变晶结构。

变质岩的构造分为变成构造和变余构造两大类。变余构造是变质岩中残留的原岩构造。变成构造有斑点状构造、板状构造、片状构造、片麻状构造等。斑点构造是炭质、硅质等斑点状矿物分布于隐晶质的基质之中；板状构造是岩石具平行、密集、平坦的破裂面，岩石易分裂成薄板状；片状构造的特征为片状和长条状矿物呈连续平行定向排列，形成密集片理面；片麻状构造具有片、柱状矿物定向排列，粒状矿物断续定向排列的构造特征；矿物均匀分布无定向排列者，称块状构造。

变质岩分为区域变质岩、接触变质岩、动力变质岩和混合变质岩。

1. 区域变质岩

(1) 颜色。变质岩的颜色既与原岩有关，又与新生的变质矿物成分有关。变质岩的颜色常不均一，应注意观察岩石的总体色调。

(2) 结构构造。区域变质岩的结构常见为变晶结构。变晶结构在肉眼下难与火成岩的结晶结构相区别，观察时应注意矿物的结晶程度、颗粒大小、形状等特点。区域变质岩最特征的构造是由矿物按一定方向排列而形成的“定向构造”。

(3) 矿物成分。观察变质岩的成分时应注意主要矿物、次要矿物和特征变质矿物的识别和鉴定。

区域变质岩中具有定向构造的岩石，以定向构造为其基本名称。如板岩、千枚岩、片岩、片麻岩等（附图 50）。若肉眼可识别出主要矿物或特征变质矿物时，也应作为定名内容。命名原则可概括为：“颜色＋矿物成分＋基本名称”。如灰色角闪斜长片麻岩。

2.接触变质岩

接触交代变质岩颜色成分较复杂，与原岩成分及交代作用过程有密切关系，典型岩石为矽卡岩，常含多种金属矿物；热接触变质岩有板岩、角岩、石英岩、大理岩等。石英岩和大理岩具致密的变晶结构，块状构造，两者硬度差别较大。

3.动力变质岩

此类岩石的基本类型是根据变形行为、破碎程度和重结晶程度确定的，如碎裂岩、断层角砾岩、糜棱岩、千糜岩，破碎和重结晶程度逐渐增加。动力变质岩多发育在构造带，是野外识别断层的重要标志。

4.混合岩

岩石受热发生部分熔融形成酸性熔体，沿岩石中裂隙或片理渗透和贯入，发生混合岩化作用形成混合岩。混合岩由基体和脉体两部分组成。前者颜色较深，常为深灰、灰色等，为已变质的片岩或片麻岩；后者颜色较浅，常为灰白色、肉红色等，主要是新生的长英质矿物。观察时注意脉体贯穿的形态，形成不同形态的条带状(附图 51)。常见有肠状、眼球状混合岩等。

罗山以南山余家出露有新太古界的变质岩，岩性为角闪斜长片麻岩。暗色矿物为角闪石，含量 40%，浅色矿物为斜长石，占 60%。粒状变晶结构，片麻状构造。具一定程度的混合岩化(附图 52)，脉体主要为长石和石英，晶体粗大，呈脉状、肠状分布。其同位素年龄值为 27 亿年，形成于新太古代，原岩系基性、中性火山岩、火山碎屑岩等经区域变质作用而成。其中发现有来自宇宙的尘粒，表明太古代地外星体的撞击在地球演化过程中曾起重大作用。长英质脉体的肠状曲折表明变质作用的同时经历了多期次的褶皱。太古代时，地壳厚度较现代薄，地壳变动、岩浆活动、变质作用强烈。直到新元古代，地壳活动减弱，淮南地区才形成相对稳定的地核，逐渐形成稳定的陆块。

在野外，劈理、片理、片麻理发育的变质岩常被误认为沉积岩。请注意以下区别：(1) 前寒武纪特别是太古代、新元古代的岩石多已变质，时间愈早变质程度愈高；(2) 用放大镜仔细观察其结构，变质岩为晶粒结构，与沉积岩的碎屑、生物等结构明显不同；(3) 角闪石、辉石、黑云母等暗色矿物一般不会出现在沉积岩中。其在风化过程中易初分解，难以保存。山余家变质岩半风化层中，颜色变浅，结构疏松，就是角闪石先被风化的缘故。

4.4 地层的野外观察

野外见到的成层岩石泛称岩层，一段时间内形成的岩层及其组合就称为地层。地层具有很多物质属性，包括岩石学特征、古生物学特征、岩层的结构、厚度和形态、接触关系、地球物理和地球化学特征。这些属性是进行地层划分对比的重要依据，也是野外进行地层学研究所必须观察和描述的。

野外观察中必须全面收集各类地层资料，有步骤地观察。首先应观察沉积岩系总的关系及构造情况，如侵蚀面、断层、节理等；然后仔细观察露头的岩性成分、结构，确定岩石种类；再看其各种沉积构造、生物化石；确定岩层的顶底面和岩层间的接触关系，进行地层对比；根据观察所得的资料，分析其形成时的古地理环境。

4.4.1 岩性、岩性组合及地层结构的观察描述

首先观察单个岩层的颜色、岩石成分、结构（包括颗粒的粒度、分选性、磨圆度）及厚度等，正确识别和描述各类单层的岩性。观察各类单层的组合方式，是均一岩性、不同岩性互层还是夹层式。

4.4.2 古生物化石的观察和采集

古生物化石是进行生物地层、年代地层和生态地层划分对比的重要依据，也是进行沉积相分析的重要资料。因此，野外地层工作必须收集古生物化石资料。(1) 对露头的古生物化石进行仔细观察，初步确定其主要类别及时代意义。如三叶虫、䗴、古植物等；(2) 观察化石的保存状况，包括保存位置、分选性及排列方向，确定是原地埋藏还是异地埋藏；(3) 化石观察之后，逐层采集样品。化石采集时须进行编录，其内容包括采集位置及编号等；(4) 为避免损坏化石标本，化石采集后须用软质包装并妥善保管。

4.4.3 地层接触关系

岩层之间的接触关系类型多样，可分为整合、假整合（平行不整合）、角度不整合（非整合）。野外观察的重点是这些接触界面及其上、下地层的差异。

不整合界面是一个岩性突变面，上、下地层的岩相及古生物组合不连续。通常在界面上发育有古风化壳、底砾岩和冲刷面。假整合上、下地层产状一致，部分界面平直，部分界面起伏不平，多为古岩溶面(图 4.3)。角度不整合界面上、下地层产状不一，通常上、下地层的构造式样及变质程度有较大的差别。非整合面是沉积盖层和下伏岩浆岩或深变质岩之间的分隔界面，代表了古老基底经历了长期的暴露、风化和剥蚀之后再接受沉积的历史。

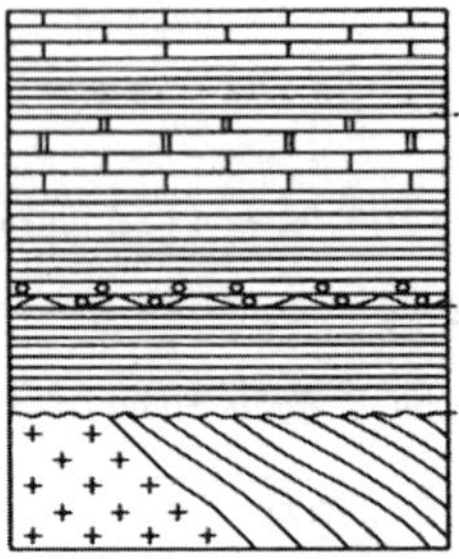

图 4.3　地层接触关系示意图

(据赵温霞，2003)

4.4.4　地层系统和地层单位

在地层物质属性(包括岩性及组合、古生物化石、接触关系等)观察的基础上，明确地层单位和地层系统。常见的地层单位有岩石地层单位、年代地层单位和生物地层单位等。岩石地层单位包括群、组、段、层四级单位。其中组是基本单位，可以由单一的岩性组成，也可以由 2 种岩性的互层或夹层组成，或由岩性相近、成因相关的多种岩性的岩层组合而成。群比组高一级，为岩性相近，成因相关，地层结构类似的组的组合。段比组低一级，根据岩性、结构、成因的差别可将组分为段。层是最小的岩石地层单位，它是岩性相同的岩层组合。

年代地层单位有宇、界、系、统、阶等；对应地质年代单位分别为宙、代、纪、世、期。

4.4.5　沉积构造

沉积构造是沉积岩的成因标志，是恢复古环境、古气候及古地理的重要依据，在野外经常见到它们，因此必须认真观察，做好记录，重要的构造应照相或素描。沉积构造包括：层理构造、层面构造、生物及化学成因构造等多种不同类型。

1. 层理

由纹层(细层)、层系和层系组组成(图 4.4)。根据形态可划分为以下几种类型。

(1) 交错层理。交错层理由一系列与层面斜交的内部纹层组成层系,层系之间由层系界面分隔。根据层系界面的形态可分为板状、楔形和槽状交错层理等多种类型(图 4.5(b),(c),(e))。依据交错层理的形态、细层的倾角和方向等可判断其形成时的水动力条件和古水流方向,如羽状交错层理由进、退潮流双向作用而形成,与潮汐作用有关(图 4.5(d))。

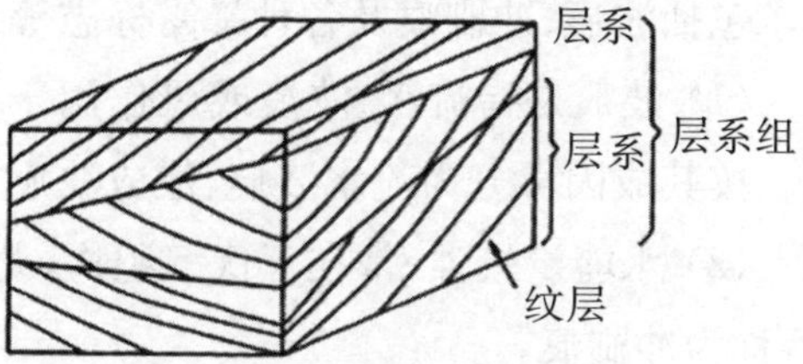

图 4.4 层理的构成

(据赵温霞,2003)

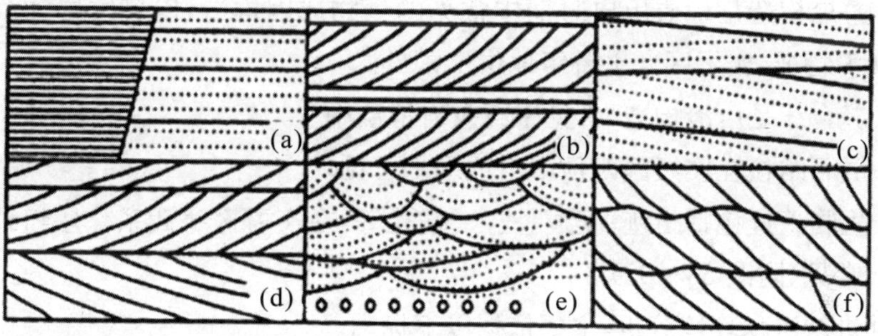

图 4.5 不同类型的层理

(据赵温霞,2003)

(2) 平行层理和水平层理。二者的纹层均相互平行且层面一致,但平行层理是高流态下的沉积,沉积物粒度粗,纹层不清晰、不连续,沿层面易剥开。水平层理反映水能量低的静水环境,沉积物粒度细(泥质和粉砂),层理清晰且连续。

(3) 粒序层理。是在同一岩层内由下而上粒度粗细递变所显示的层理,底部一般具冲刷面。

(4) 块状层理。难以识别层理内部的纹层,块状层理内部成分不均一,大小混杂,反映未经分选的沉积物经快速堆积而成,如冲积扇。

(5) 潮汐层理。是涨潮流与退潮流所造成的砂质沙纹与平潮期所沉积的泥质交互而成。

2.层面构造

包括波痕、冲刷痕及各种暴露标志等。

(1) 波痕是指流水、波浪或风作用于非黏性沉积物表面留下的波状起伏的痕迹。按其成因可分为流水波痕、浪成波痕及风成波痕。

(2) 水能量较强，常在下伏沉积物，尤其是泥质沉积物表面形成冲蚀的槽状痕迹，称为冲刷痕。

(3) 暴露构造是指沉积物间歇暴露于大气中时在沉积物表面形成的沉积构造，如泥裂、雨痕、食盐假晶等，通常反映沉积盆地间歇性暴露环境，如潮上带。

3.化学及生物成因构造

类型繁多，常见的有结核、缝合线、生物遗迹和生物生长构造。

(1) 叠层构造是地质历史时期中常见的生物成因构造，以藻纹层和沉积纹层交替出现为特征，实习区九里桥组地层中常见。

(2) 缝合线是压溶构造，常见于石灰岩地层中。

(3) 燧石结核在实习区四顶山组地层中可见。

(4) 生物遗迹包括足迹、爬痕、浅穴、钻孔等，在实习区寒武系徐庄组地层中砂岩层面上常见(附图53～57)。

野外进行沉积环境分析，主要依据以下标志。

(1) 岩矿标志。沉积物组分能反映沉积历史、物源及沉积介质的特征。如纯净的石英砂岩形成于浅水高能条件(如海滩环境)；富含长石、不稳定岩屑的杂砂岩形成于颗粒未经分选的快速沉积场所(如断陷盆地)；一些特殊的沉积岩和沉积矿产具有较好的指相意义，如礁灰岩、鲕状灰岩、放射虫硅质岩、含笔石的黑色页岩、煤和铝土矿等。此外，一些自生矿物(如海绿石、磷灰石)能明显地反映环境，形成于浅海环境(伍山组、四十里长山组、猴家山组)；石膏、岩盐形成于盐度过饱和的干旱气候环境。

(2) 生物标志。不同类别的生物对环境因素的要求不同，生物组合和生态特征是判别古环境的重要标志。

(3) 沉积构造标志。沉积构造类型多样，是不同沉积环境中的产物。结合岩石学特征的研究，不同的层理、层面构造及化学和生物成因的沉积构造能够较好的反映其形成时的沉积环境。

4.5 地形图的使用

地形图是野外地质工作必不可少的基础图件，是用地形等高线和地物符号表示地形情况的平面图件。借助地形图，可以了解工作(实习区)的地貌、交通、水系、经济等自然地理情况，也可以通过分析地形图获取地质信息。例如通过淮南地区地形分析，可以发现舜耕山和八公山的山脉走向不一样，八公山区从山金家到山王集之间的谷地意味着什么。同时，地形图也是编制各类地质图件的基础图件，加上地质元素就成为地形地质图。每一个地质工作者都应当会读地质图，会使用地质图。

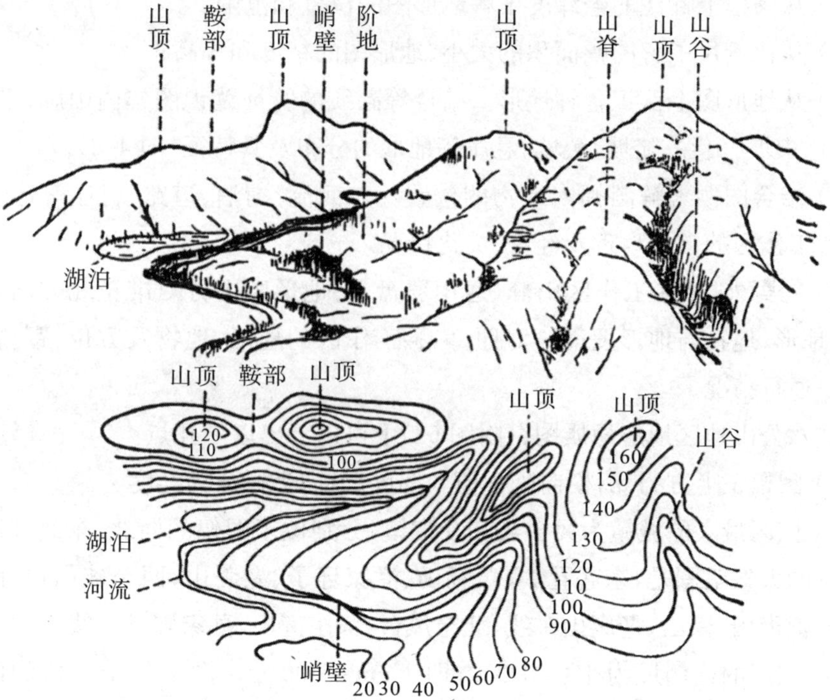

图 4.6 某地区地形素描及地形图

(据夏邦栋，1986)

比例尺是表示实际地形在图上缩小的程度，有数字比例尺（如 1∶10 000）、线段比例尺和自然比例尺（如 1 cm＝200 m）3 种表示方法，通常标注在图名或图框下方。地形图的比例尺分为大（1∶50 000 以上）、中（1∶100 000，1∶200 000）、小（1∶500 000，1∶1 000 000），根据工作精度要求不同选择不同比例的地形图。

仔细研读地形图，熟悉工作区地形特征，包括对地形与地物的各个要素及其相互关系的认识。不但要认识图上的山系、洼地、水系、村庄、道路等地物、地貌，而且要能把地形图的各种符号和标记综合起来看成一个整体，并了解其中的有关地质情况。对地形图的读取说明如下。

(1) 图名通常用图内最重要的地名来表示。

(2) 除了特别注明方向外，一般地形图正上方为北。

(3) 从图框上标注的经纬度了解地形图的位置和范围。

(4) 从比例尺了解图幅面积的大小、地形图的精度和等高距。

(5) 从地形图上认识各种地形。结合等高线的特征读识图幅内山脉、平原、山顶、山脊、山坡、山谷、陡坡、缓坡、悬崖等地形的分布及其特征（图 4.6）。

(6) 结合图例了解图幅内地物的位置。如河流、湖泊、道路、村庄等地物的分布，了解工作区的自然地理及经济、文化情况。

(7) 在野外，站在工作区山峰，运用罗盘，将地形图上方对准正北方向。将区内主要地形、地物与地形图逐一对照，熟悉工作区的地形、地物及方位、距离、工作区通视、通行情况。

从"八公山地区地形地质图"（附图 62）上可以看出以下几点。

(1) 图幅正上方为北，横向坐标值为纬度，纵向坐标值为经度。

(2) 该区最大的城镇为凤台县和孔集镇，分别位于图幅的西北、东北部边界位置；图幅的大致范围是，东起孔集、黄豆山、潘家圩子、老鹰山，西至硖山口，南起郝家圩子、钯齿山、黑山、老鹰山一线，北至凤台县、东南山、孙家郢子一线。

(3) 该图的比例尺为 1∶50 000，即 1 cm＝500 m。图上每个方格的面积为 1 km^2，同学们可据此统计图幅面积。

(4) 图幅内的地形分布情况可根据等高线的形态和高程加以判别。本区的山脉走向呈北西—南东向分布，可分为 3 列山系，由南西向北东方向分别为：钯齿山、东山、龙茅顶、老山、杨家山、硖山口（禹王山）；老鹰山、黑山、猴家山、哈啦山；黄豆山、李家山、韭菜山、东南山(附图 60)。

(5) 在第二、三列山系之间为一宽阔的谷地,即山金家、大东洼、韦家庄、朱家窝子到山王集一带,展布方向与山系一致。

(6) 根据等高线的形态即变化特征可识别各种不同的地形,如山坡、山谷、鞍部、分水岭、陡坡、缓坡、图幅内有 2 条重要的道路,即 S102 线和 S308 线,山地间也有小路相通。合阜高速公路和铁路线分别在该区西南部和东部通过,交通方便;淮河在区内西部南北向呈几字形绕山而过。小河在低洼处纵横交错,以不同方向流入淮河。南唐、老尖套和西山套等地山间有小型水库分布,区内还有玉露泉、洗云泉等泉眼分布,南部的珍珠泉是断层泉;居民点和村庄众多,多分布在淮河岸边、山间洼地和实习区东北山系的山脚下;实习区中、北部采石场众多,多开采寒武系石灰岩,作为生产水泥的原料或作为建材使用,东部还有孔集、李嘴子等大型煤矿。

根据地形地物标记目测,使用罗盘的后方交会或使用 GPS,练习在地形图上确定观察点位置。测量数据记在记录本上,将所测点位和岩层产状用符号标绘在地形图上。

4.6 野外地质素描图的绘制

野外地质素描图是表示地层、构造、火成岩等实际地质情况的概略性图件,它是在勾绘出地形轮廓的剖面上进一步反映出地层产状、分层、岩性、化石、厚度、接触关系以及构造发育和岩浆侵入等地质特征(图 4.7～4.10)(夏邦栋,1986)。

绘制地质素描图时,一般要求剖面方向尽量与地层走向垂直;选择适当的比例尺,以控制图的长度小于记录本的实际长度为宜,如 1∶200,1∶300 等;用罗盘确定剖面方位;按选取的剖面方位和比例尺勾绘地形轮廓,地形的高低变化要符合实际情况;将地层及其分层界限按地层的倾角用直线直接画在地形剖面相应点的下方,倾向不能画反,倾角要符合实际;用通用的花纹(图 4.11)和地层代号表示各地层及分层的岩性、接触关系和时代,并标记化石的产出部位及地层产状等内容;最后,标出图名、图例、比例尺、剖面方向及地物标志等。线条花纹力求细致、均匀、美观,字体要工整,各项标记的布局合理。

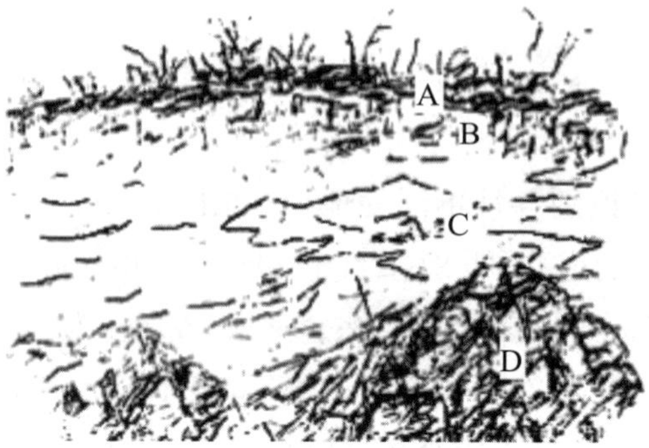

图 4.7　山余家风化剖面

图 4.8　断裂标本素描

图 4.9　灰岩中向斜构造

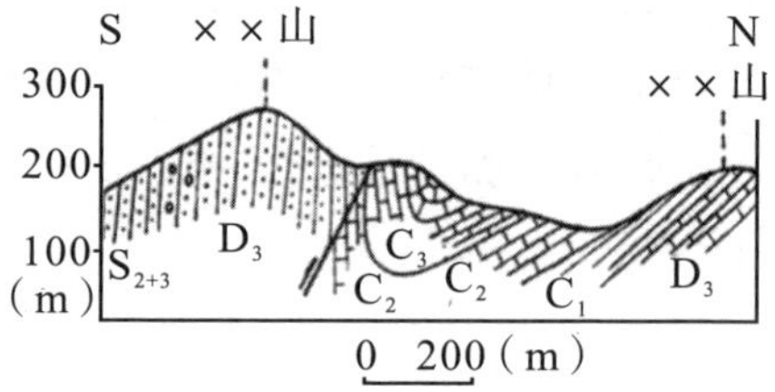

图 4.10　某地区地质剖面素描图

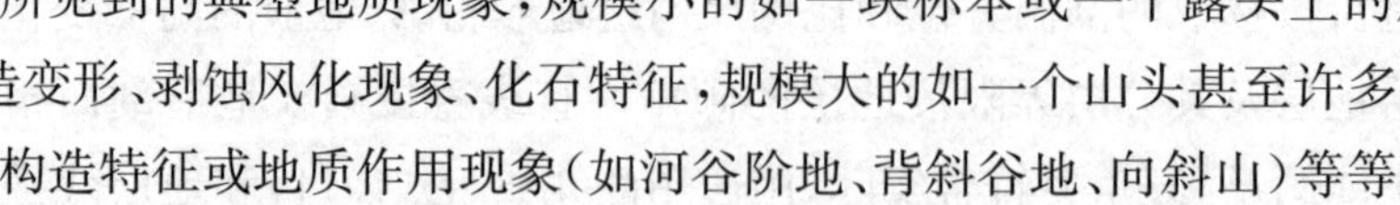

图 4.11　常用沉积岩岩性符号

野外所见到的典型地质现象，规模小的如一块标本或一个露头上的原生沉积构造、构造变形、剥蚀风化现象、化石特征，规模大的如一个山头甚至许多山头范围内的地质构造特征或地质作用现象（如河谷阶地、背斜谷地、向斜山）等等均可用地质素描图表示。地质素描图类似于照相，但照相是纯直观的反映，而地质素描作者可有所取舍，突出重点。地质工作者应当学习地质素描方法，作为地质调查的有效手段。

4.7 实习报告的编写

实习后每个同学都必须提交一份实习报告，将本次实习的情况及本人在实习中的收获全面、准确地用文字和图表表达出来。实习报告是对实习中见到的各种地质现象加以综合、分析和概括，用简练流畅的文字和图表表达出来。撰写实习报告是实习内容的系统化、巩固和提高的过程，是写地质报告的入门尝试，是进行地质思维的训练。报告要求以野外收集的地质素材为依据，要有鲜明的主题，确切的证据，严密的逻辑。报告要简明扼要、图文并茂。报告必须是通过自己的组织加工撰写出来的，切勿照抄书本。实习报告的编写方式、主要内容如下。

第一部分：实习概况

内容包括：

(1) 实习的时间、参加人员及组织情况；

(2) 实习的目的、任务、要求和实习内容；

(3) 实习区及地质、地理资源环境等状况。

第二部分：正文部分

在野外记录了大量的各种地质资料，系统整理后，可分为下列专题。

(1) 岩石矿物的野外识别。各种岩体的矿物组成、岩石特征、产状、形态、规模、出露地点、所在构造部位以及含矿情况等。

(2) 淮南地区的地层和古生物。地层的分布和发育情况、岩性和所含化石，与下伏地层的接触关系、厚度及其形成环境等。

(3) 淮南地区的地质构造。实习区的大地构造位置及其总体构造特征，断层的名称、性质，上、下盘的地层时代，断层面产状，断层的证据，节理发育情况，断层的空间展布规律及其形成时代的分析等。

(4) 各种地质作用。如地壳运动、风化作用、河流的地质作用、地下水地质作用等。

(5) 资源地质。实习区内各种矿产的赋存层位、分布特点及形成条件等。

(6) 环境地质。各种矿产的开采状况，对环境的影响及其治理方法等。

每个专题中都有不同的地质内容。编写过程中可在以上专题中任选几项内容加以分析和总结。撰写过程中，应有现象描述、变化规律和成因分析以及在分析研究中发现的科学问题等。

第三部分：实习感想

实习的收获、自己的感想、存在的问题，或者对某些野外实习中观察到的地质问题谈谈自己的看法，也可以对实习中存在的问题提出自己的意见和建议。

编写实习报告的素材主要来源于实习指导书、实物照片和野外记录，也可以参考有关教材和书籍，提倡查阅相关文献和前人的研究成果，开展有关地质专题的研究和分析。

编写实习报告是每一位地质人综合知识、分析能力和文字表达能力的具体表现，这些能力是地质学科的学习中必不可少的。每位学生都必须认真对待。撰写实习报告时，同学之间可以互相讨论，但不得相互抄袭和互相拷贝。一经发现，取消实习成绩或重新撰写。

实习报告要求立意明确，资料详实，思路清晰，结构合理、文理通顺。字迹工整、图表美观、图文并茂是实习报告的基本要求。实习报告的封面和封底格式均有统一要求；实习报告内容可以手写，也可打印；A4 幅面纸张装订成册；报告的字数不少于 5 000 字。

野外实习成绩评定具有综合性，应全面考察学生实习期间的学习和工作态度、基础知识的掌握程度、动手能力、思维能力、野外及室内作业的完成情况和实习报告的撰写质量等。实习结束后，每个人应提交的材料包括：野外记录本、实习日志和实习报告。实习成绩的综合评定主要根据 4 个方面：实习表现、野外记录、实习日志和实习报告。成绩“优秀”(90 分以上)者控制在总人数的 15%以内为宜。

第 5 章　路线地质教学的内容和要求

5.1　路线 1(洞山)

沿洞山北坡上山，经洞山山顶绕行至洞山南坡，由北向南至寒武系馒头组地层剖面位置后，返回向西经洞山隧道回校。

实习内容

观察洞山地区的岩石、地层和古生物，了解其沉积环境；练习罗盘的使用，测量岩层产状；了解洞山地区的构造特征。

观察点(附图 58)

(1) 洞山北坡观察奥陶系的地层特征；了解奥陶系岩石的矿物组成和观察方法；介绍奥陶系和石炭系地层间的不整合关系及其形成原因。

(2) 近洞山山顶处了解淮南市的自然地理状况；大通和九龙岗煤矿的位置及煤炭开采情况；了解寒武系的地层特征；观察土坝组硅质白云岩岩性及风化特征，了解白云岩的矿物组成、结构等肉眼鉴定特征及形成方式。沿途注意观察岩石的变化。

(3) 沿小路下山至洞山南坡张夏组岩石露头处，观察岩层的成层性，理解和掌握层面的识别方法；素描图表示岩层的产状要素；学会地质罗盘的使用方法，并测量岩层的产状；观察鲕粒灰岩、生物碎屑灰岩的岩石特征。沿途注意植被的变化情况。

(4) 继续向南至徐庄组砂岩露头处，了解碎屑岩的分类方法并观察砂岩的矿物和结构特征，分析岩石的成因；并测量岩层产状。沿途注意观察石灰岩的风化表面特征以及地层顺序的变化情况。

(5) 向南东方向穿过洞山南坡水库，至馒头组紫红色页岩出露位置采集三叶虫化石；了解早古生代的动物群面貌特征以及古生物的研究意义；掌握地层单位的划分方法；掌握泥岩（页岩）的观察方法并能做成因分析；了解地层顺序的变化情况，分析地层倒转的证据；认识洞山的地质构造现象，分析其形成的时代和原因。

(6)原路返回折向西至洞山隧道，了解隧道的情况和所在层位的岩性特征以及建设过程中涉及到的工程地质稳定性分析。

思考题

(1) 洞山地区主要岩石类型有哪些？其矿物组成和结构特征如何？

(2) 石灰岩和白云岩有何不同？如何区别？“刀砍状”溶沟的成因如何？

(3) 举例说明洞山地区的地貌和植被特征与岩性有何关系？

(4) 所见三叶虫化石赋存于哪个时代的地层？何种岩性之中？有什么古生态意义？

(5) 洞山地区的山脉走向、地层层序和岩层产状如何？反映了什么样的构造现象？形成时代如何？

(6) 根据淮南地区的区域地层情况，奥陶系之上发育什么地层？洞山北侧理应出现什么情况？现在又是什么情况？

(7) 熟练掌握地质罗盘的使用方法及地理坐标系和方位角的概念。

5.2　路线 2（罗山）

自罗山油库加油站沿围山北坡上山，经罗山油库和围山山顶绕行至围山西坡，下山后沿公路向南折向东至余家山。

实习内容

了解新元古界和二叠系石千峰组的地层特征；观察不同类型碳酸盐岩和碎屑岩的岩性特征和识别标志；认识叠层石及前寒武纪的生物特征，观察“淮南虫”的产出层位；认识组成围山山体的地层层序及构造意义；观察太古界的古老变质岩及其和新元古界之间的不整合；认识岩石的风化剖面，了解土壤的形成。

观察点(附图 59,61)

(1) 罗山油库加油站公路南侧。观察石千峰组地层和岩性特征。

(2) 罗山油库北门位置。观察四顶山组的地层、岩石特征和节理发育情况;测量岩层的产状;分析舜耕山断层的位置和存在的证据。

(3) 罗山油库围墙西侧。观察九里桥组地层和岩性特征;认识叠层石;了解“淮南虫”的产出层位及其地层古生物意义;了解沉积构造及其成因意义;测量岩层产状。

(4) 围山山顶。观察四十里长山组砂岩的成分和结构特征;明确山体的地层层序特征,进一步分析舜耕山断层的赋存状态、延伸情况及存在证据;学会用罗盘测量地形坡度;观察围山周围的地形特征,分析该区域地形分布与岩性的关系。

(5) 沿途。注意观察刘老碑组和伍山组地层岩性;余家山观察曹店组紫红色砂砾岩的岩性特征、沉积构造和形成环境分析;观察与太古界之间角度不整合面的存在及其地质意义分析。

(6) 采沙坑附近。观察太古界片麻岩、混合岩,了解变质岩的分类、矿物组成、结构构造及其识别特征;了解岩石同位素年龄的确定方法;评述岩石的风化作用及其土壤的形成过程;了解淮南市的土地资源状况;介绍淮南地区的区域地质发展史;绘制路线地质剖面素描图。

思考题

(1) 判断舜耕山断层的依据有哪些?

(2) 徐庄组、石千峰组、四十里长山组和曹店组砂岩有什么不同? 九里桥组和四顶山组地层的特征岩性是什么?

(3) 叠层石是如何形成的? 举例说明沉积构造及其成因意义。

(4) “淮南虫”化石的古生物学意义如何?

(5) 分析太古界和新元古界之间角度不整合面存在的证据及其地质意义。

(6) 如何确定地层的形成时代?

(7) 变质岩的肉眼识别特征有哪些?

(8) 以角闪斜长片麻岩为例,说明风化作用类型及岩石风化作用过程和产物。

(9) 土壤是怎样形成的? 如何理解保护耕地的重要性?

(10) 根据洞山地区和本区的考察,寒武纪前后生物界有什么变化?

5.3　路线3(八公山—李郢孜)

乘车至八公山地质公园大门,参观地质博物馆后返回至三叶虫化石采集点;乘车向北经洗云泉、南唐水库后折向朱家窝;经黄豆山后至茅仙古洞;沿S203公路至珍珠泉;途经谢家集至李郢孜后返回。

实习内容

参观地质博物馆并了解淮南地区的地质旅游资源;观察猴家山组岩性并测量岩层产状,认识八公山地区的地层和构造概况;了解八公山地区地形地貌特征;寻找和观察寒武系三叶虫化石和生物遗迹化石;观察山王集正断层及其在八公山山体形态形成中的作用;观察淮河的地质作用,了解淮南地区的水资源状况;了解珍珠泉的形成条件;观察舜耕山逆断层下盘及赖山断层角砾岩;认识淮南地区的主要矿产资源,地质环境状况及二叠系煤系地层的形成时代和成煤环境及煤层开采情况。

观察点(附图60,62)

(1) 八公山地质公园地质博物馆内。观赏矿物、岩石和古生物化石。了解八公山地区的地质旅游资源和地貌特征,观察石林地貌及凤台组砾岩特征,了解其成因及地质学意义。

(2) 老鹰山西坡观察猴家山组地层。测量地层产状,采集三叶虫化石,认识八公山地区的岩石、地层古生物及地质构造特征。

(3) 朱家窝。观察徐庄组砂岩层面上的波痕和生物遗迹,分析其地质特征及成因意义;观察地貌特征,测量岩层产状;了解山王集断层的分布、延伸情况、存在的证据以及在八公山山体形态形成上的控制作用。

(4) 茅仙古洞。了解淮南地区水资源状况;了解八公山地区地形特征及边坡稳定性的影响因素;观察淮河的侵蚀、搬运和沉积作用,河流地貌及成因;作素描图表示淮河的侵蚀地貌。

(5) 珍珠泉。观察地下水的地质作用,了解珍珠泉的成因。

(6) 李郢孜。观察舜耕山逆断层,了解该断层的分布和延伸情况,断层的野外识别标志;矸石山采集古植物化石;了解淮南地区主要矿产、地质环境及二叠系煤的形成及开采现状。

思考题

(1) 八公山地区的岩层产状与舜耕山的是否相同?结合八公山在淮河边上消失,探讨八公山的地质构造特征。

(2) 波痕和生物遗迹化石的地质意义如何?

(3) 山王集断层存在的依据是什么?它在地貌上有何反映?

(4) 河流的地质作用如何?常形成哪些地貌单元?说明茅仙古洞侵蚀地貌的形成原因。

(5) 舜耕山逆断层的分布和延伸情况如何?断层的识别标志有哪些?

(6) 煤的形成和什么条件有关?淮南地区二叠纪的古植物有哪些种类?煤层主要赋存在哪些层位?

(7) 根据自己的观察,淮南地区矿区环境的主要问题有哪些?

(8) 影响边坡稳定性的地质因素有哪些?

5.4 路线 4(凤阳韭山洞—上窑)

乘车至凤阳韭山洞,经上窑停留后返回学校。

实习内容

游览韭山洞溶洞景观,了解上窑地区的地层和构造特征。

观察点(附图 63)

(1) 韭山洞。观察和了解地下水的类型、地质作用及其产物;洞穴沉积物的主要种类及韭山洞的形成原因。

(2) 上窑地区。了解上窑山的地质构造及地层分布特征。

思考题

(1) 韭山洞地区地层出露有哪些？产状如何？

(2) 溶洞的形成条件如何？简述常见洞穴沉积物的类型及形成方式。

(3) 上窑山主要由什么地层组成，主要构造特征是什么？

(4) 岩溶发育对采矿活动的影响如何？

5.5　路线 5（安徽省地质博物馆）

乘车至合肥安徽省地质博物馆，参观地球厅、生命演化厅、恐龙厅、矿物岩石厅和资源与环境厅。了解地球、生命的起源、变化和发展历程；运用基础知识，从不同角度欣赏各种精美的矿物和岩石；观察各种地质作用如火山活动、地壳运动、风化作用等场景模拟。

系统参观 4 万余件馆藏的矿物、岩石、古生物化石及奇石和宝玉石精品，进一步了解地球结构、海陆变迁、化石奥秘、生物演变、岩石矿物的形成。

思考题

谈谈参观地质博物馆后的感想。

参考文献

储雪蕾．2004．新元古代的"雪球地球"[J]．矿物岩石地球化学通报，23(3)：233-238．

兰昌益，杨本才，彭苏萍．1988．淮南煤田二叠纪含煤岩系主要煤层的成煤环境[J]．煤炭学报，1：11-22．

刘嘉龙．1977．安徽怀远第四纪古菱齿象化石[J]．古脊椎动物与古人类，15(4)：278-286．

刘城墉，薛业琪．2000．淮南煤田发现史话[J]．中国煤田地质，12(1)：75-76．

刘文中．2004．攀西元古代麻粒岩的地质年代学与下地壳折返运动轨迹[D]．南京：南京大学出版社．

刘本培，蔡运龙．2000．地球科学导论[M]．北京：高等教育出版社．

刘泽均，胡诉．1990．安徽前寒武纪淮南群寿县组的沉积环境探讨[J]．合肥工业大学学报，13(1)：100-107．

周进高，赵宗举，邓红婴．1999．淮南地区风暴岩特征及其沉积环境[J]．石油勘探与开发，26(5)：73-76．

唐庆明．2003．八公山国家地质公园概览[M]．合肥：合肥工业大学出版社．

唐庆明．2003．八公山揽胜[M]．合肥：合肥工业大学出版社．

唐烽，尹崇玉，王自强，等．2005．华北地台东缘新元古代地层对比和宏体化石研究的进展和发展趋势[J]．地质通报，24(7)：589-596．

夏邦栋．1986．宁苏杭地区地质认识实习指南[M]．南京：南京大学出版社．

安徽省地质矿产局．1987．安徽省区域地质志[M]．北京：地质出版社：5-139．

安徽省地质矿产局．1997．安徽省岩石地层[M]．武汉：中国地质大学出版社．

宋传中，朱光，刘国生，等．2005．淮南煤田的构造厘定及动力学控制[J]．煤田地质与勘探，33(1)：11-15．

徐嘉炜．1958．华北南部寒武系下限问题[J]．地质论评，18(1)：41-56．

徐嘉炜．1956．淮南寒武纪沉积[J]．合肥矿业学院学报 (1)：22-44．

方观希．1989．两淮煤田石炭二叠纪含植物化石地层[J]．淮南矿业学院学报，3：109-121．

曹高社，张善文，柳忠泉，等．2006．华北陆块东南缘凤台组时代的讨论[J]．地质科学，41(4)：720-728．

曾允孚，夏文杰. 1986. 沉积岩石学[M]. 北京：地质出版社：158-189.

李双应，岳书仓，杨建，等. 2003. 皖北新元古代刘老碑组页岩的地球化学特征及其地质意义[J]. 地质科学，38(2)：241-253.

李泉，彭善池. 1998. 安徽淮南寒武纪一新三叶虫属——*Huaiaspis*[J]. 古生物学报，45(4)：540-548.

李越，袁金良，傅启龙. 1998. 安徽淮南下寒武统沉积环境以及碳酸盐岩微相分析[J]. 地层学杂志，22(4)：262-268.

杨式溥，王勋昌. 1991. 华北地台南部中寒武世徐庄组遗迹化石及其沉积环境[J]. 古生物学报，31(1)：74-89.

杨式溥. 1984. 遗迹化石及其对古环境分析的意义[J]. 沉积学报，2(4)：8-18.

杨志坚. 1960. 淮南、霍丘早寒武世沉积若干问题的探讨[J]. 地质科学 (4)：182-188.

杨杰东，郑文武，王宗哲，等. 2001. Sr、C同位素对苏皖北部上前寒武系时代的界定[J]. 地层学杂志，25(1)：44-47.

杨杰东，郑文武，陶仙聪，等. 2004. 安徽淮南群四顶山组燧石Sm-Nd年龄测定[J]. 地质论评，50(4)：413-417.

柳永清，高林志，刘燕学，等. 2005. 徐淮地区新元古代初期镁铁质岩浆事件的锆石U-Pb定年[J]. 科学通报，50(22)：2514-2521.

汪贵翔，周本和，肖立功. 1984. 安徽淮南上前寒武系宏观化石及其意义[J]. 地层学杂志，8(4)：271-278.

洪天求，贾志海，尹磊明，等. 2004. 淮南地区新元古代九里桥组的疑源类化石组合及其生物地层学意义[J]. 古生物学报，43(3)：377-387.

潘江，薛志照. 1959. 淮南、冀东震旦系、寒武系分界问题的商榷[J]. 地质论评，19(2)：76-79.

牛绍武，孙淑芬. 2000. 古太平洋淮南—小达尔生物地理区的初步确认及其意义[J]. 前寒武纪研究进展，23(1)：11-20.

牛绍武，朱士兴. 2002. 论淮南生物群[J]. 地层学杂志，26(1)：1-8.

王国强，刘洋，吴道祥，等. 2002. 淮南矿区的环境地质问题[J]. 煤田地质与勘探，30(1)：33-35.

王翔，王战. 1993 皖西凤台组重力流及滑塌沉积[J]. 中国区域地质 (2)：131-139.

王鸿祯，刘本培. 1980. 地史学教程[M]. 北京：地质出版社.

白建峰，史永红，崔龙鹏，等. 2004. 煤矸石堆积对矿区土壤中重金属的影响[J]. 安徽理工大学学报，24(S)：10-15.

程裕淇. 1994. 中国区域地质概论[M]. 北京：地质出版社.

章雨旭，高林志，彭阳，等. 1998. 凤台砾岩与四顶山组过渡接触关系的发现及其地质意义[J].

地球科学，23(1)：9-12.
舒良树. 2010. 普通地质学[M]. 北京：地质出版社.
董为. 2006. 安徽淮南大居山的早更新世反刍类[J]. 古脊椎动物学报，44(4)：332-346.
蔡如华. 1989. 两淮煤田太原组的䗴类分带[J]. 淮南矿业学院学报，3：101-108.
袁金良，李越. 1999. 安徽淮南老鹰山下、中寒武统界线及三叶虫动物群[J]. 古生物学报，38(4)：407-422.
解国爱，舒良树. 2011. 普通地质学实验及复习指导书[M]. 南京：南京大学出版社，34-36.
许靖华，奥伯亨斯利，高计元，等. 1986. 寒武纪生物爆发前的死劫难海洋[J]. 地质科学，1：1-6.
谢家荣. 1947. 淮南新煤田及淮南盆地地区矿产[J]. 地质论评，12(5)：318-347.
贾志海，洪天求. 2005. 新元古代九里桥组中的风暴活动记录及生物学响应[J]. 中国科学技术大学学报，35(6)：889-898.
赵温霞. 2003. 周口店地质及野外地质工作方法与高技术运用[M]. 武汉：中国地质大学出版社：59-64.
达尔文. 2005. 物种起源[M]. 舒德干，等，译. 北京：北京大学出版社.
郑文武，斗守初. 1980. 论皖北凤台组和罗圈组的冰川沉积特征及其对比问题[J]. 合肥工业大学学报 (2)：48-74.
郑文武. 1979. 淮南生物群的主要特征及其在地层研究中的意义[J]. 合肥工业大学学报，7(2)：79-108.
郑永飞. 2003. 新元古代岩浆活动与全球变化[J]. 科学通报，48(16)：1705-1720.
金昌柱. 2004. 安徽淮南新生代晚期老洞动物群的兔形类[J]. 古脊椎动物学报，42(3)：230-245.
钱守荣. 2001. 淮南地区地质认识实习指导书[R]. 淮南：安徽理工大学.
钱迈平，袁训来，徐学思，等. 2002. 徐淮地区新元古代叠层石组合[J]. 古生物学报，41(3)：403-418.
陆松年. 1998. 新元古时期 Rodinia 超大陆研究进展评述[J]. 地质论评，44(5)：489-495.
陈友明，杨哈莉[J]. ，沈丽琪. 1958. 安徽凤台县磷矿的形成条件及其分布规律的初步意见[J]. 地质科学，3：24-26.
陈萍，刘嘉龙. 1995. 安徽淮南的剑齿象化石[J]. 淮南矿业学院学报，15(1)：14-19.
魏久传，李增学，金秀昆. 1999. 淮南煤田二叠系基准面旋回划分与煤聚积规律[J]. 煤田地质与勘探，27(5)：4-9.
总参谋部测绘局. 2002. 中国地势[M]. 北京：星球地图出版社.
安徽理工大学地球与环境学院. 2012. 口孜东煤矿矿井水文地质条件类型划分报告[R].
戴金培. 2000. 岩石有什么秘密[J]. 发现·图形科普 (4)：37-42.

魏格纳. 2006. 海陆的起源[M]. 李旭旦，译. 北京：北京大学出版社.

Chen J Y, Zhou G Q. 1997. Biology of the Chengjiang fauna[J]. Bull. Natl. Mus. Nat. Sci. , 10：11-105.

Chen J Y, Huang D, Li S. 1999. An early Cambrian craniate-like chordate[J]. Nature, 402：518-522.

Hoffman P F. 1991. Did the breakout of Laurentia turn Gondwanaland inside-out? [J]. Science, 252：1409-1412.

Hoffman P F, Schrag D P. 2002. The Snowball Earth hypothesis：testing the limits of global change[J]. Terra Nova, 14：129-155.

Hoffman P F, Kaufmann A J, Halverson G P, et al. 1998. A Neoproterozoic Snowball Earth [J]. Science, 1998, 281：1342-1346.

Li Z X, Li X H, Kinny P D, et al. 1999. The breakup of Rodinia：did it start with a mantle plume beneath South China? [J] Earth and Planetary Science Letters, 173：171-181.

Li Z X, Cho M, Li X H. 2003. Precambrian tectonics of East Asia and relevance to supercontinent evolution[J]. Precambrian Research, 122：1-6.

Li Z X, Evans D A D, Zhang S H. 2004. A 90°spin on Rodinia：possible causal links between the Neoproterozoic supercontinent, superplume, true polar wander and low-latitude glaciation [J]. EPSL, 220：409-421.

Li Z X, Li X H, Kinny P D, et al. 2003. Geochronology of Neoproterozoic syn-rift magmatism in the Yangtze Craton, South China and correlations with other continents：evidence for a mantle superplume that broke up Rodinia[J]. Precambrian Research, 122：85-109.

Li Z X, Zhang L H, Powell C M. 1995. South China in Rodinia：Part of the missing link between Australia—East Antarctica and Laurentia? [J]. Geology, 23(5)：407-410.

Moores E M. 1991 Southwest U. S. -East Antarctic (SWEAT) connection：A hypothesis[J]. Geology, 19：425-428.

Park J K, Buchan K L, Harlan S S. 1995. A proposed giant radiating dyke swarm framented by the separation of Laurentia and Australia based on paleomagnetism of ca. 780 Ma mafic intrusions in western North America[J]. Earth Planet. Sci. Lett. , 132：129-139.

Powell C McA, Li Z X, McElhinny M W, et al. 1993. Paleomagnetic constrains on timing of the Neoproterozoic breakup of Rodinia and the Cambrian formation of Gondwana[J]. Geology, 21 (10)：889-892.

Shu D G, Conway M S, Han J, et al. 2001. Primitive deuterostomes from the Chengjiang

Lagerstätte，China[J]. Nature，414：419-424.

Shu D G，Conway M S，Zhang Z F，et al. 2003，A new species of yunnanozoan with implications for deuterostome evolution[J]. Science，299：1380-1384.

Shu D G，Luo H L，Conway M S，et al. 1999. Lower Cambrian vertebrates from South China [J]. Nature，402：42-46.

Sumner D Y，Kirschvink J L，Runnegar B N. 1987. Soft-sediment paleomagnetic fold tests of late Precambrian glaciogenic sediments[J]. Eos. ，68：1251.

Torsvik T H. 2003. The Rodinia Jigsaw Puzzle[J]. Science，300：1379-1381.

附图及附表

附图 1　淮南地区交通位置图

（据百度地图）

附图 2　实习区地理位置

（据 Google Earth）

附图 3　凤阳韭山洞

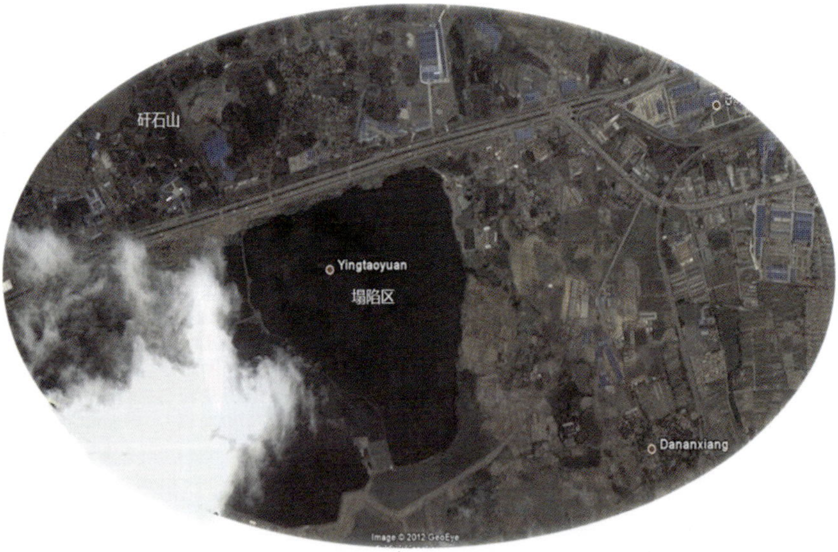

附图 4　淮南谢二矿矸石山和采煤塌陷区

（据 Google Earth）

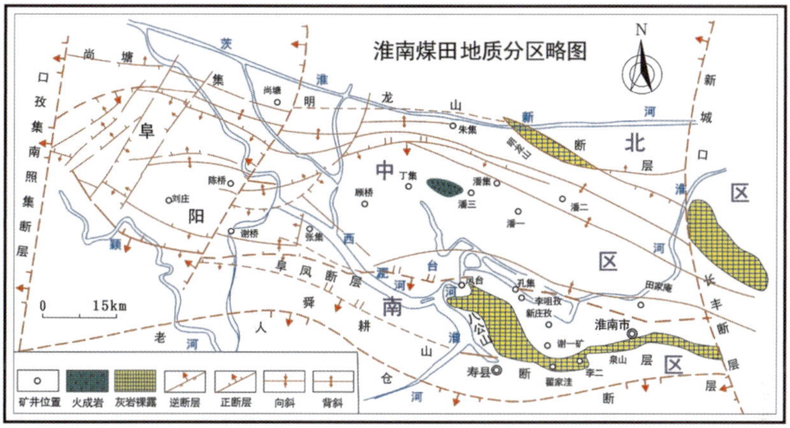

附图 5　淮南煤田地质分区略图

（安徽理工大学地球与环境学院，2012）

附图 6　罗山曹店组石英砂岩

附图 7　茅仙古洞刘老碑组地层

附图 8　罗山四十里长山组砂岩

附图 9　九里桥组叠层石

附图 10　罗山九里桥组泥灰岩

附图 11　罗山四顶山组白云岩

附图 12　八公山石林(凤台砾岩)

附图 13　八公山乐涧套凤台组砾岩

附图 14　老鹰山西坡猴家山组

附图 15　舜耕山南坡馒头组页岩

附图 16　老鹰山三叶虫化石采集点

附图 17　洞山南坡毛庄组灰岩

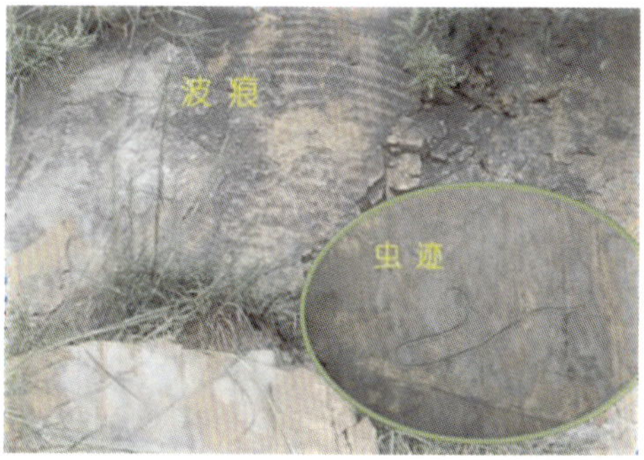

附图 18　朱家洼徐庄组砂岩生物遗迹

附图 19　洞山南坡张夏组灰岩

附图 20　洞山土坝组蜂窝状白云岩

附图 21　李郢孜奥陶系马家沟组白云岩

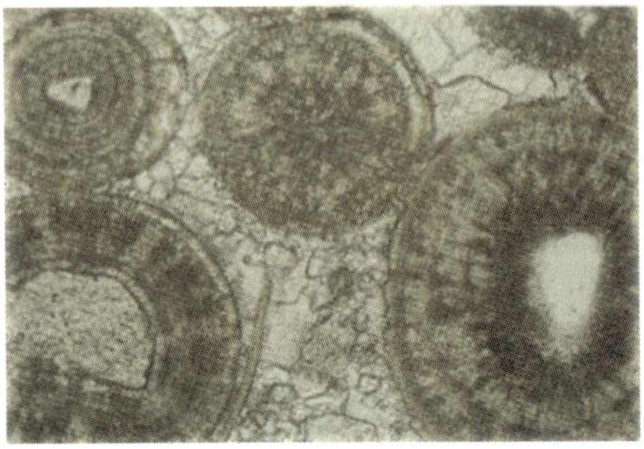

附图 22 鲕粒灰岩(10×10)

附图 23 洞山南坡寒武系生物灰岩

附图 24 洞山西坡寒武系白云岩

附图 25 八公山“凤台砾岩”

附图 26 李郢孜赖山集断层角砾岩

附图 27 罗山山余家条带状混合岩

附图 **28**　黄豆山层状叠置的砂岩

附图 **29**　洞山西坡土坝组倒转地层

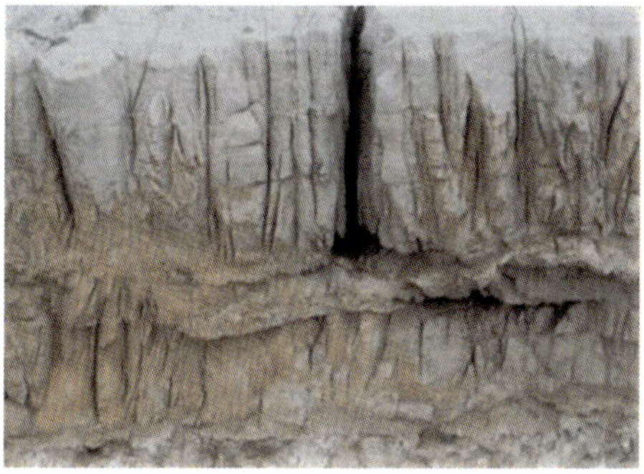

附图 **30** 八公山白云岩刀砍状溶沟地貌

附图 **31**　八公山地质公园石林地貌

附图 **32**　罗山油库紫红色砂岩

附图 **33**　山余家风化剖面

附图 34　洞山西侧奥陶系角砾状灰岩

附图 35　罗山曹店组不整合面

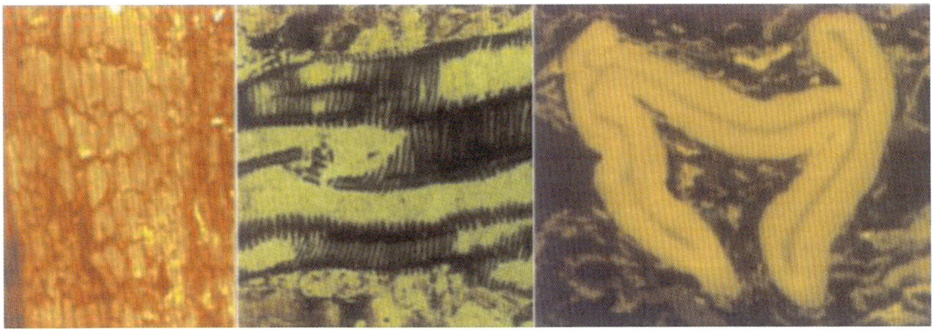

附图 36　煤的显微组分

（镜质组、丝质组、壳质组）

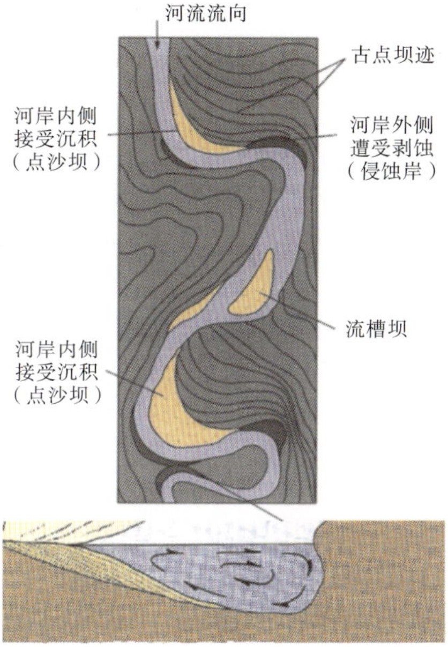

附图 37　河流侵蚀及沉积示意图

附图 38　黄河三角洲和长江三角洲

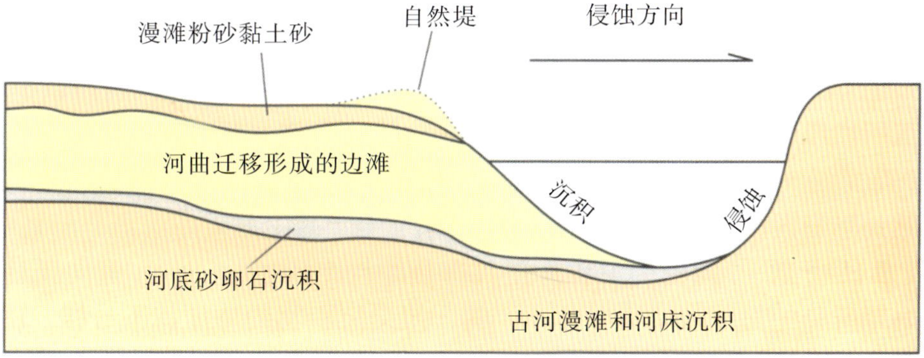

附图 39　河道及河谷沉积物剖面示意图

（据舒良树，2010）

附图 40　韭山洞内“囊括五岳”景观及石幔

（徐宾粟摄）

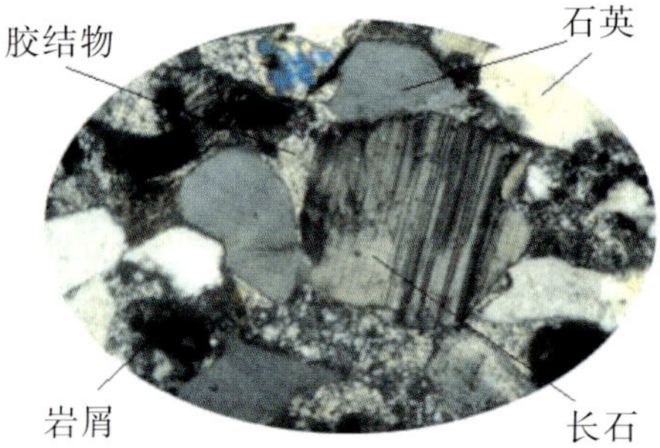

附图 41　碎屑岩的结构组分

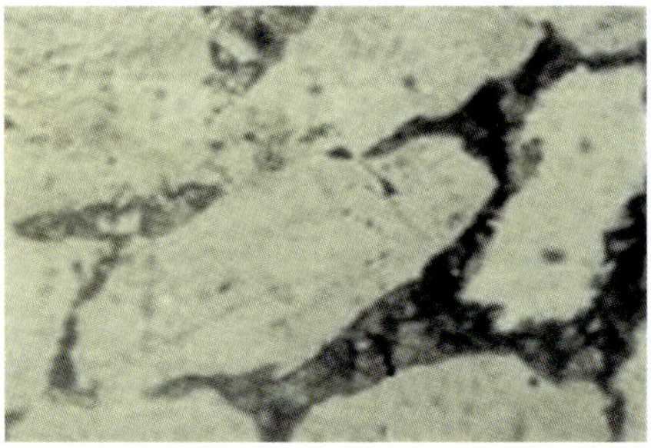

附图 42　菱铁矿孔隙式胶结

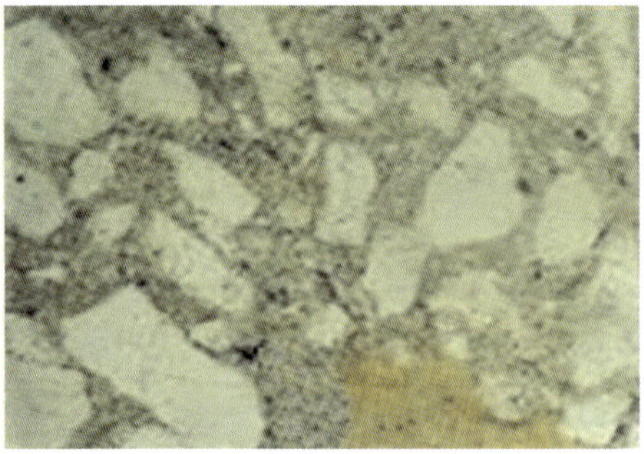

附图 43　黏土矿物基底式胶结

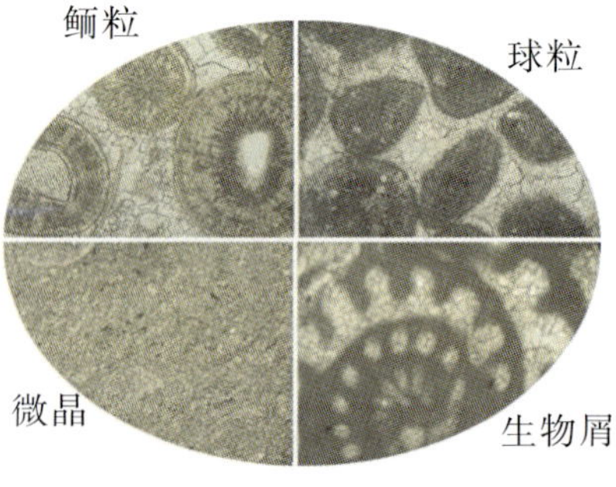

附图 44　石灰岩的结构类型

附图 **45**　刀砍状溶沟及藻白云岩

附图 **46**　罗山南坡侵蚀洼地

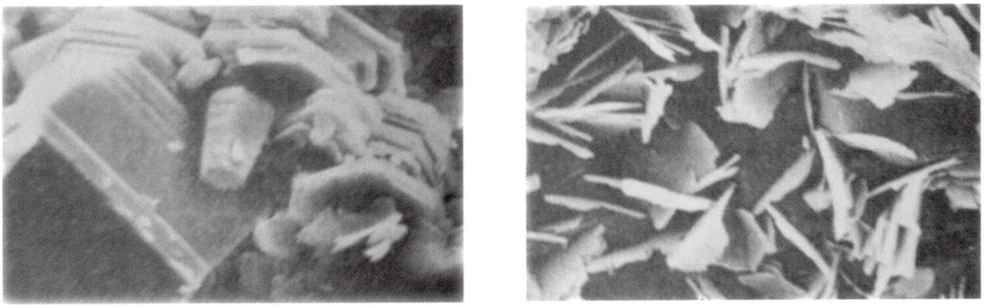

附图 **47**　黏土矿物的形态

（扫描电镜:高岭石和绿泥石）

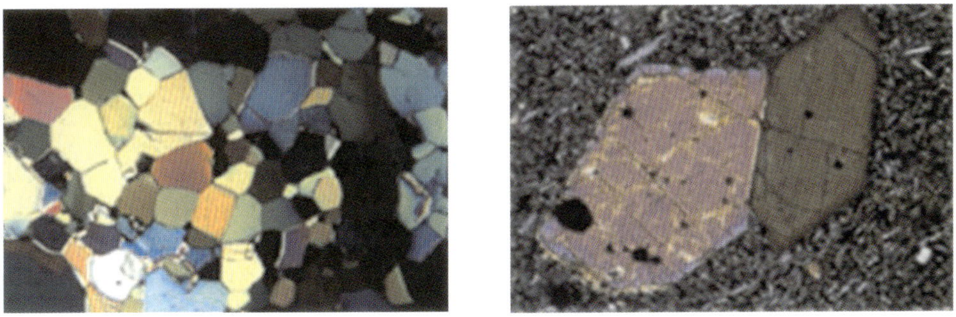

附图 **48**　火成岩的结构

（全晶质结构和斑状结构）

附图 49　火成岩的构造

（气孔构造和流纹构造）

附图 50　板状构造和片麻状构造

附图 51　条带状混合岩

附图 52　罗山山余家混合岩化

附图 53　砂岩中的交错层理

（罗山四十里长山组和曹店组）

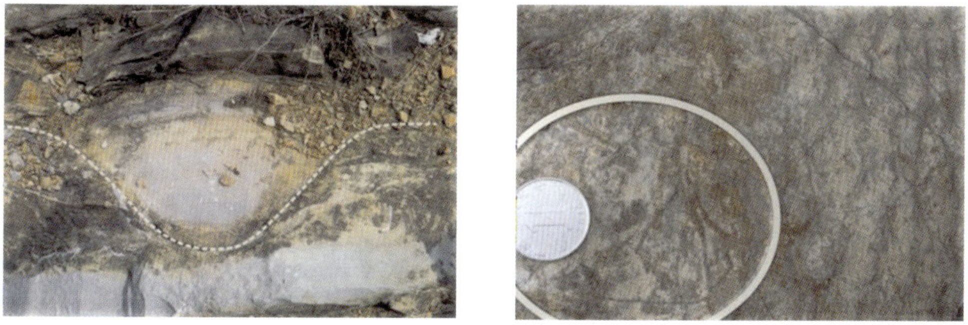

附图 54　罗山九里桥组风暴沉积及黄豆山生物遗迹和波痕

附图 55　九里桥组丘状交错层理

附图 56　徐庄组砂岩层面爬痕

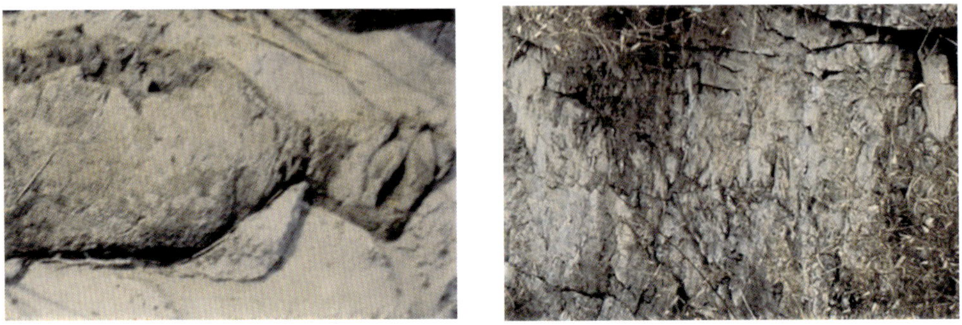

附图 57　四顶山组燧石结核及奥陶系灰岩缝合线

附图 58　洞山地质观察点分布图

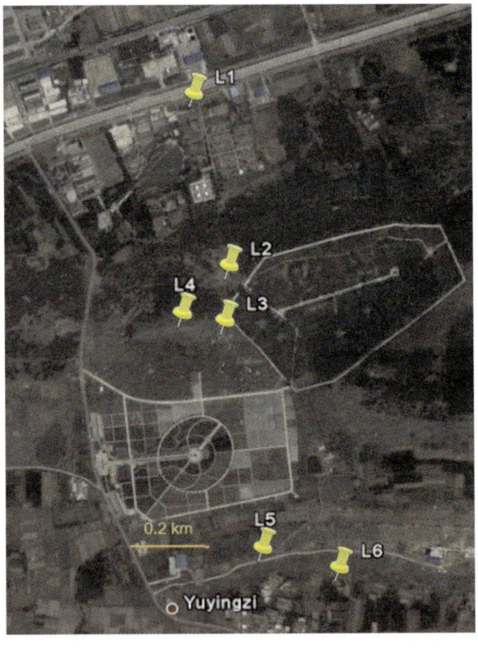

附图 59　罗山地质观察点分布图

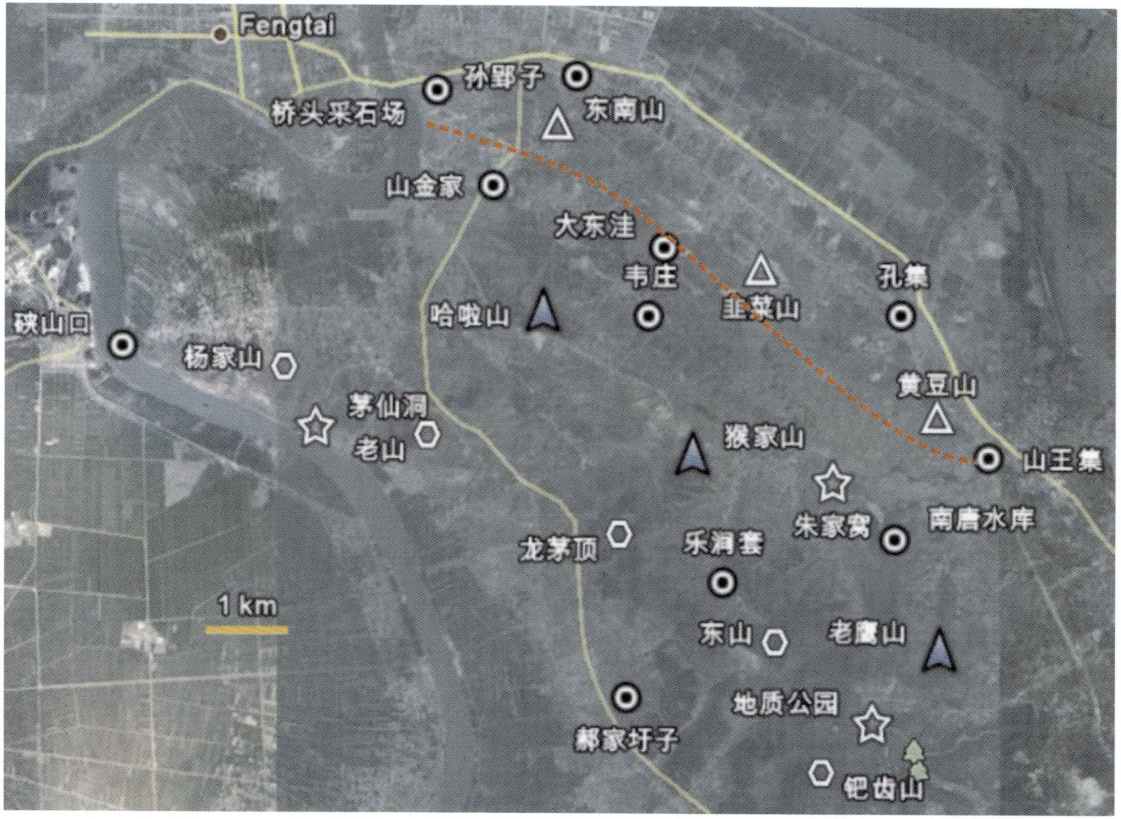

附图60　八公山地区地质观察点分布图

（据Google Earth修改）

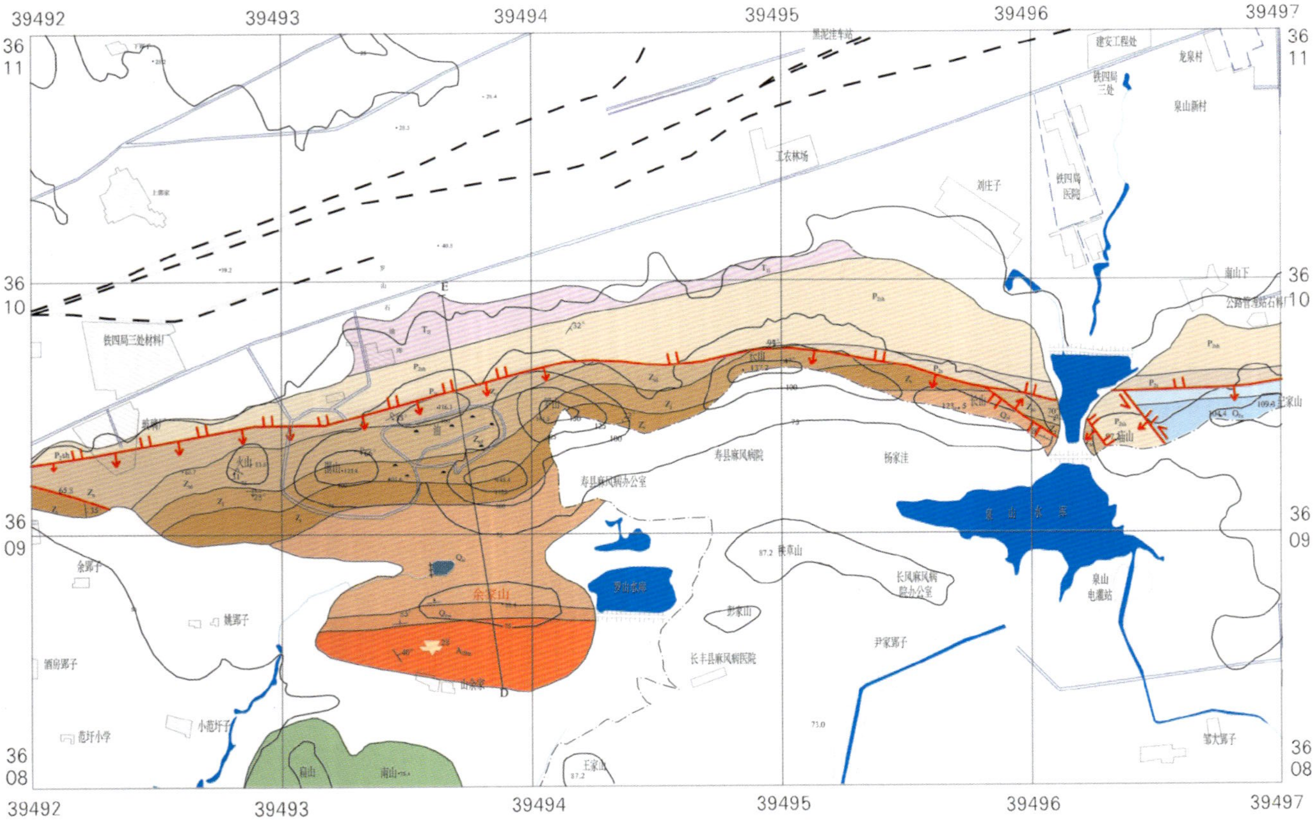

附图61　罗山地区地形地质图

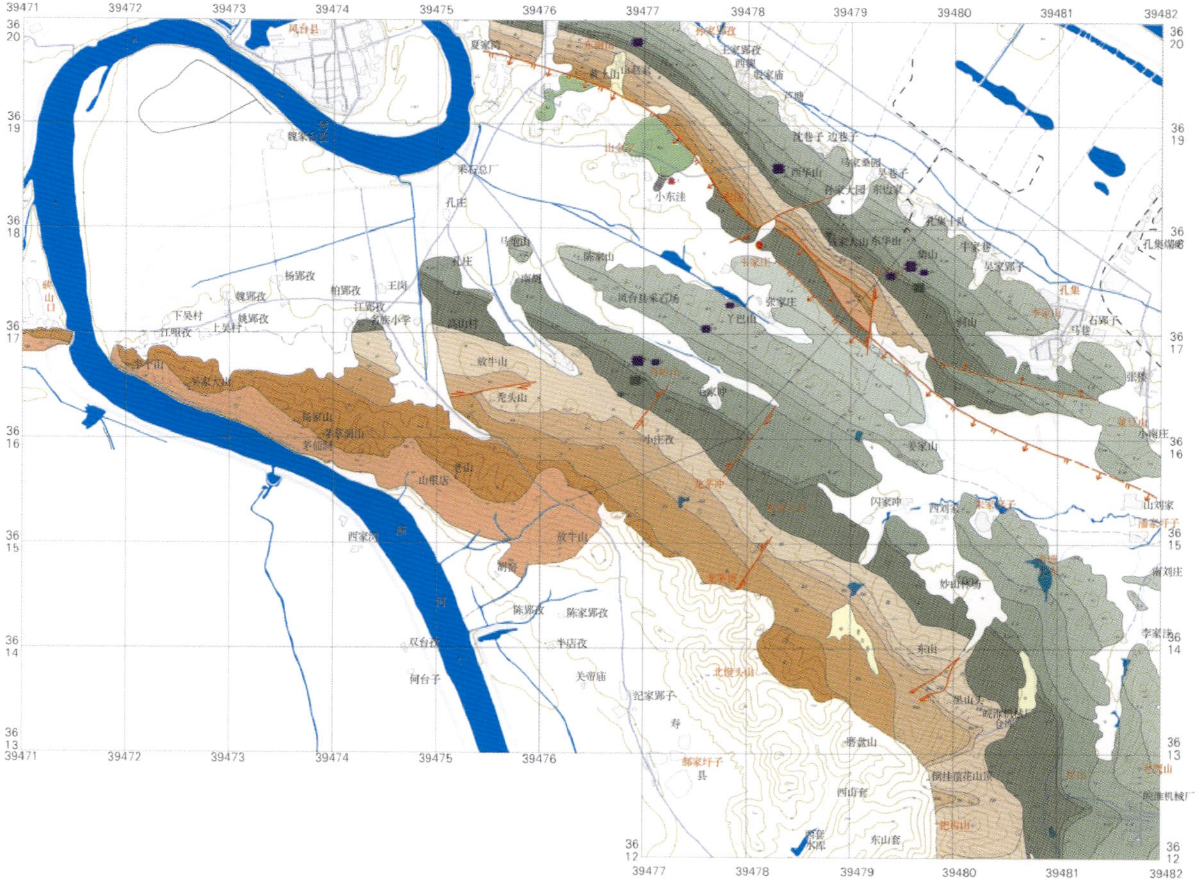

附图62　八公山地区地形地质图

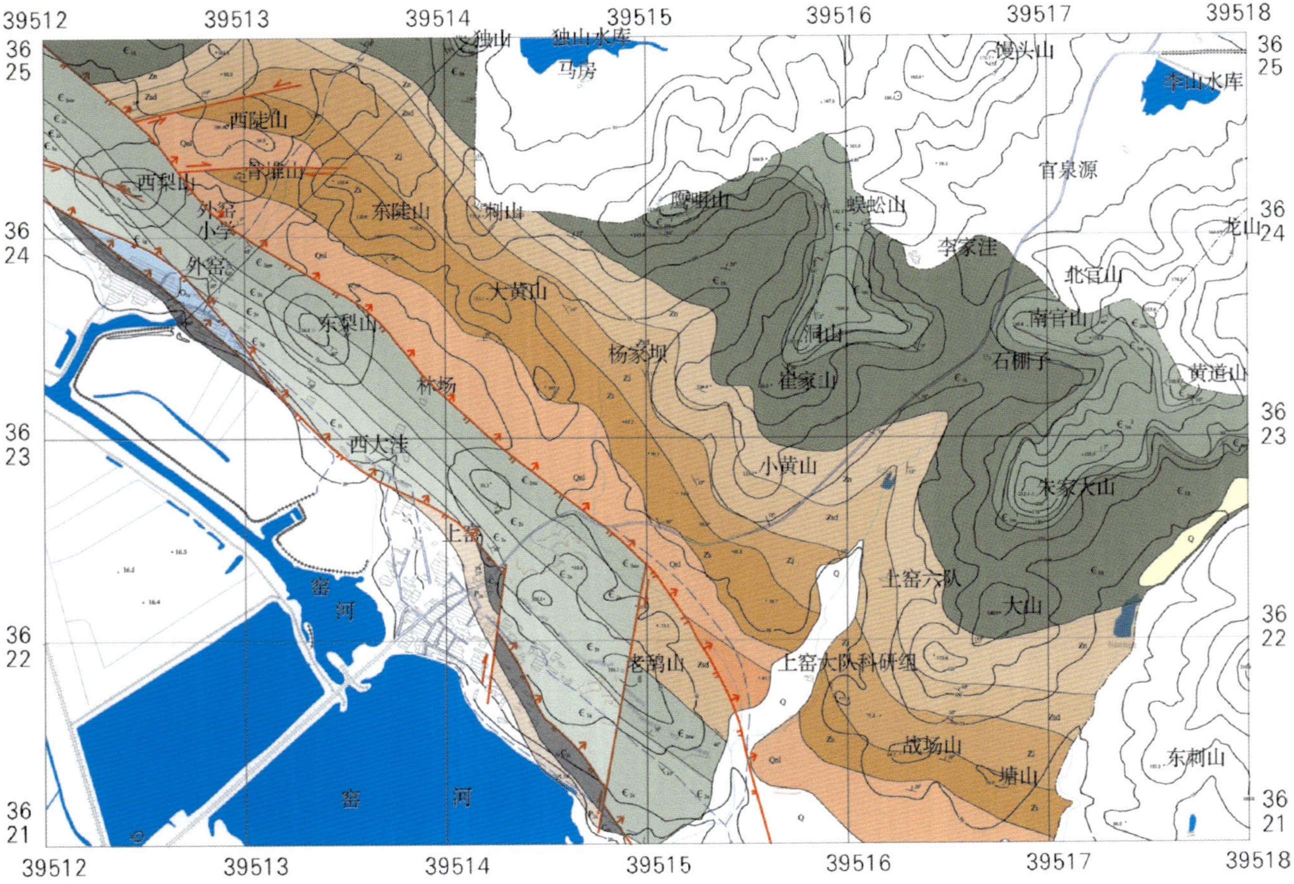

附图63 上窑地区地形地质图

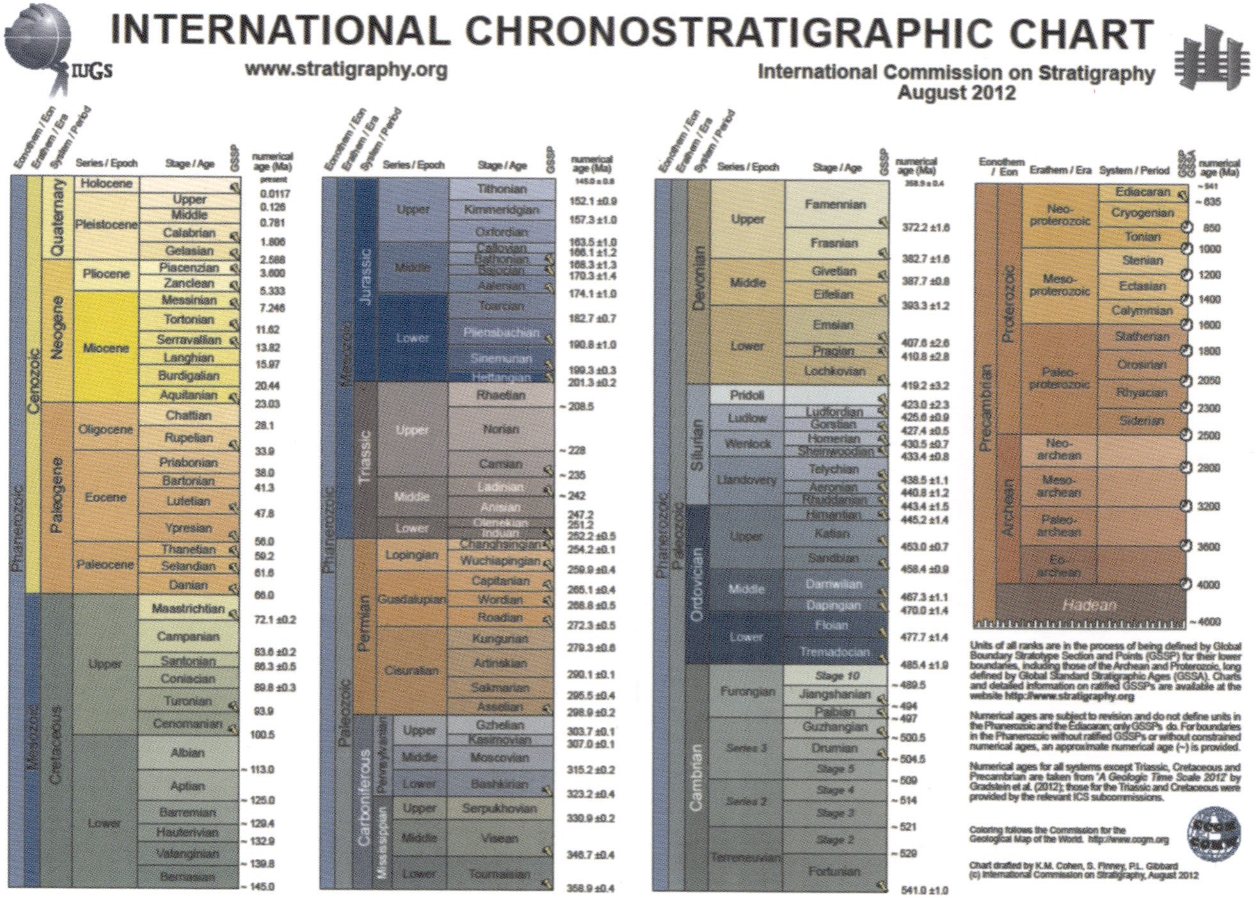

附表1　国际地层表

(据www.stratigraphy.org)